Shelter baseret på Genbrug

Del af Offshore Symphony og rekonstruktion af Gedser Forsøgsmølle

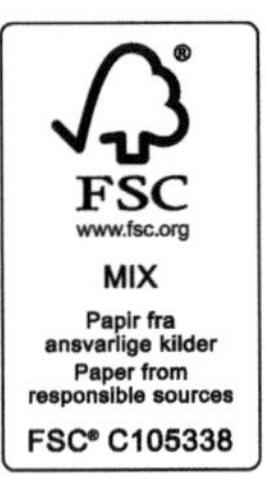

Shelter baseret på Genbrug
Del af Offshore Symphony og rekonstruktion af Gedser Forsøgsmølle

Forfatter: Gitte Ahrenkiel
Udgivet Januar 2020 af: www.gahrgalleri.dk /v. Gitte Ahrenkiel
Cover-fotos: Gitte Ahrenkiel
Forlag: Books on Demand GmbH, København, Danmark
Tryk: Books on Demand GmbH, Norderstedt, Tyskland

ISBN: 9788743011552

Introduktion

Da vi i oktober 2014 købte et tidligere husmandssted på Korsagervej 14 i Gedser – overtog vi samtidig arealet, hvor den verdenskendte Gedser Forsøgsmølle i 1957 blev opført af Johannes Juul.

Et historisk faktum, som forpligter.

Ganske vist var drift af en nyere nacelle, monteret på det gamle mølletårn, leaset ud. Men man skal ikke opholde sig ret længe på lokaliteten, før man bogstaveligt talt mærker historiens vingesus. For Johannes Juul havde nøje udvalgt stedet til placeringen af hans forsøgsmølle. Et af de mest blæsende steder i Danmark.

På opfordring blev ansøgning om fredning af lokalitet for Gedser Forsøgsmølle sendt til Slots- og Kulturstyrelsen i januar 2016.
I årene efter, i samarbejde med Gedser Lokalhistorisk Arkiv og lokale borgere, hvoraf flere havde været involveret i NASAs testkørsler af møllen i 1977-79 – blev bøger om møllens historie udgivet på dansk, engelsk og tysk.

Den 2. juni 2016 aflagde professor Frank Pecquet og hans team fra Sorbonne Universitet, Paris, lokaliteten i Gedser et besøg. Formålet var at udarbejde en web-doc om Johannes Juuls berømte **Eolienne de Gedser** - **http://www.ariadr.fr/les-webdocs/gedser/**. Opholdet på det blæsende areal ved det gamle mølletårn – gav allerede på dette tidspunkt tanker om at rekonstruere Juuls opfindelse på det oprindelige forsøgsområde. Lyd-optagelser af vingesuset fra den nyere nacelle inspirerede den franske professor og komponist til det, der i dag er en affyringsklar **Offshore Symphony**. De tekniske detaljer, bl.a. ved brug af apps, er på plads.

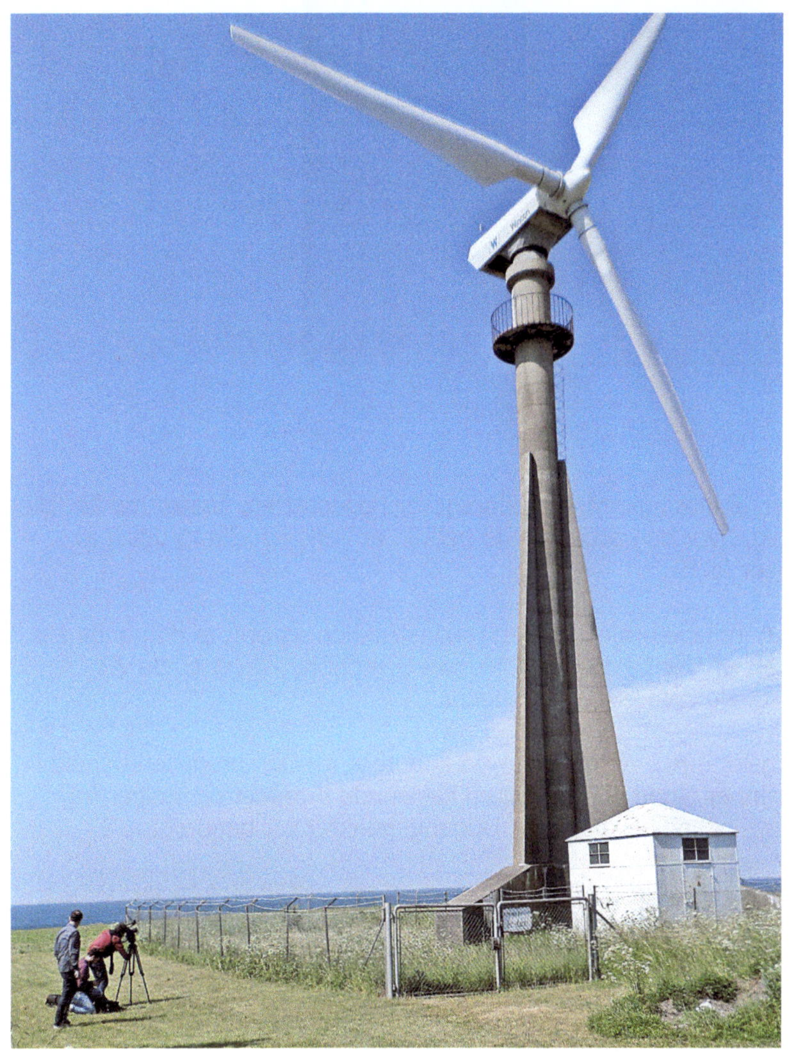

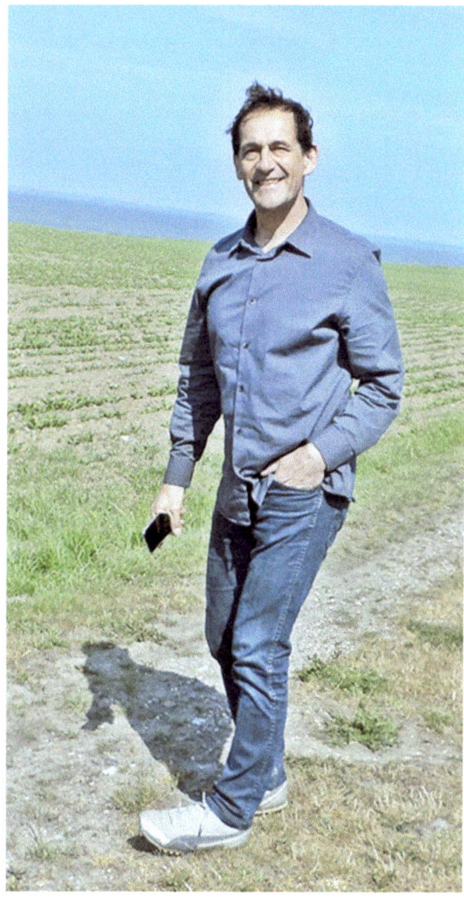

Frank Pecquet – Musicologist ved Panthéon-Sorbonne, Science of the Arts.

Frank Pecquets planer om at konvertere vindenergi fra Gedser Forsøgsmølle til musik – gav den 8. august 2018 anledning til at introducere **Gedser Ginkgo Soundgarden**. Som en slags forspil på, hvad der er i vente med Offshore Symphony.
Igen med stor opbakning fra lokalområdet blev materialer til vind-skulpturer leveret – og den altid nærværende blæst kvitterede med alskens lyd og toner fra fløjtende jernrør, klirrende køkkenting, skramlende øldåser, rungende lampeskærme, klikkende lyde af sten-mod-sten konstruktioner, sprøde toner fra drivtømmer osv.

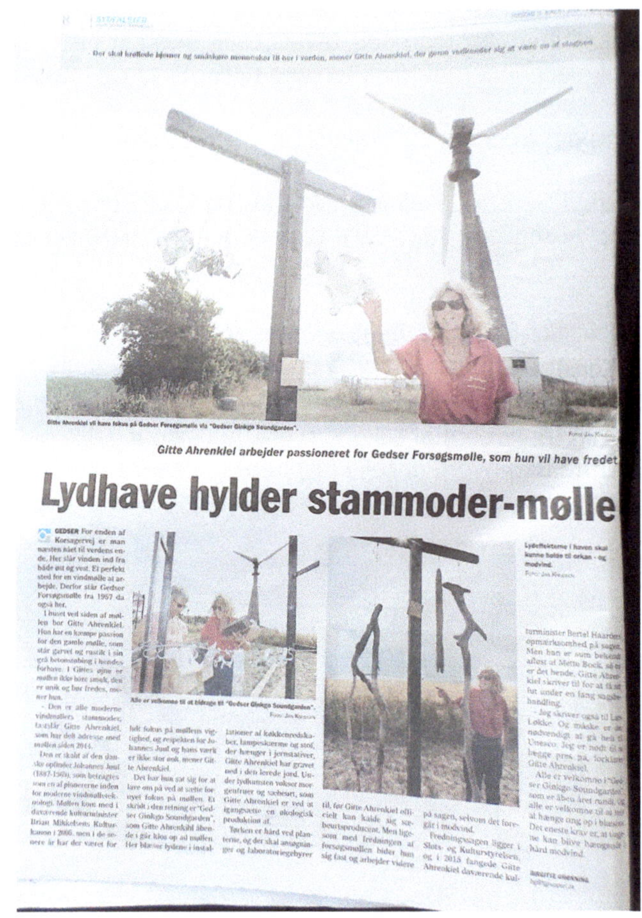

Gitte Ahrenkiel vil have fokus på Gedser Forsøgsmølle via "Gedser Ginkgo Soundgarden".

Gitte Ahrenkiel arbejder passioneret for Gedser Forsøgsmølle, som hun vil have fredet

Lydhave hylder stammoder-mølle

GEDSER For enden af Korsagervej er man næsten nået til verdens ende. Her slår vinden ind fra både øst og vest. Et perfekt sted for en vindmølle at arbejde. Derfor står Gedser Forsøgsmølle fra 1957 da også her.

I huset ved siden af møllen bor Gitte Ahrenkiel. Hun har en kæmpe passion for den gamle mølle, som står garvet og rustik i sin grå betonstøbning i hendes forhave. I Gittes øjne er møllen ikke bare smuk, den er unik og bør fredes, mener hun.

- Den er alle moderne vindmøllers stammoder, fastslår Gitte Ahrenkiel, som har delt adresse med møllen siden 2014.

Den er skabt af den danske opfinder Johannes Juul (1887-1969), som betragtes som en af pionererne inden for moderne vindmølleteknologi. Møllen kom med i daværende kulturminister Brian Mikkelsens Kulturkanon i 2006, men i de senere år har der været for lidt fokus på møllens vigtighed, og respekten for Johannes Juul og hans værk er ikke stor nok, mener Gitte Ahrenkiel.

Det har hun sat sig for at lave om på ved at sætte forøget fokus på møllen. Et skridt i den retning er "Gedser Ginkgo Soundgarden", som Gitte Ahrenkiel åbnede i går klos op ad møllen. Her blæser lydene i installationer af køkkenredskaber, lampeskærme og stof, der hænger i jernstativer, Gitte Ahrenkiel har gravet ned i den lerede jord. Under lydkunsten vokser morgenfruer og sæbeurt, som Gitte Ahrenkiel er ved at igangsætte en økologisk produktion af.

Tørken er hård ved planterne, og der skal ansøgninger og laboratoriegebyrer til, før Gitte Ahrenkiel officielt kan kalde sig sæbeurtsproducent. Men ligesom med fredningen af forsøgsmøllen bider hun sig fast og arbejder videre på sagen, selvom det foregår i modvind.

Fredningssagen ligger i Slots- og Kulturstyrelsen, og i 2015 fangede Gitte Ahrenkiel daværende kulturminister Bertel Haarders opmærksomhed på sagen. Men han er som bekendt afløst af Mette Bock, så nu er det hende, Gitte Ahrenkiel skriver til for at få sat fut under en lang sagsbehandling.

- Jeg skriver også til Lars Løkke. Og måske er det nødvendigt at gå helt til Unesco. Jeg er nødt til at lægge pres på, forklarer Gitte Ahrenkiel.

Alle er velkomne i "Gedser Ginkgo Soundgarden", som er åben året rundt, og alle er velkomne til at [illegible] at hænge ting op i blæsten. Det eneste krav er, at tingene kan blive hængende i hård modvind.

BIRGITTE GRØNNING

Alle er velkomne til at bidrage til "Gedser Ginkgo Soundgarden".

Lydeffekterne i haven skal kunne holde til orkan - og modvind.

Folketidende,
8. august 2019

I starten af 2019 blev leaser pga. misligholdelse af leasingkontrakt indbragt for Fogedretten. Leaser mødte ikke op i Fogedretten og han foreslog i stedet et forlig, hvor han accepterede nedtag af hans nacelle forudsat at kunne tjene penge på den frem til 30. September 2019.

Med således udsigt til – efter 30. september – at indlede projektet med rekonstruktion og drift af den originale Gedser Forsøgsmølle og i tilknytning hertil opstart af Frank Pecquets Offshore Symphony – besluttede vi i august 2019, med tilladelse af vores nabo, at indlede opførelse af et shelter.

I forvejen havde der fra turister været forespørgsler – men udgifterne ved køb af et færdigt produceret shelter var for afskrækkende. Det var først, da lokale venner tilbød et større parti kasserede brædder og stolper fra deres renoverede lade, at ideen om selv at opføre et shelter tog form. Udgangspunktet var genbrug.

Internettet blev gennemtrawlet for vejledninger i selvbyg af shelter. Men da vejrliget ved møllen byder på helt specielle udfordringer, var det nødvendigt for os at satse på et andet set-up end det gængse.

- Typiske sheltere i Danmark har et åbent frontparti. Det er fint nok, når sheltere er placerede i læ og rolige omgivelser. Men hos os ved møllen, falder regnen ikke lodret – men vandret. Det vil sige, at overnattende gæster hos os med garanti vil blive gennemblødt af piskende regn fra et åbent frontparti.

Derfor tidlig beslutning om at udstyre vores shelter med døre.

- Typiske sheltere i Danmark har også græsbelagte tage. Anlæg af et sådant græstag er dyrt og omstændeligt. Plus skal græs plejes og vandes. Vi valgte hvidkløver. En billigere og for bierne en bedre løsning. Og vi har rigeligt med hvidkløver. De vokser vildt og voldsomt på arealerne omkring møllen. Her er betingelserne gode. Og vi har allerede erfaret, at hvidkløver tåler længerevarende tørke, kraftig blæst og vand i massive mængder.
- Typiske sheltere i Danmark benyttes primært til enkelt overnatning. Vores skal også bruges som "kontor" for bl.a. Frank Pecquet og hans team. Derfor kan man i dele af vores shelter stå oprejst og der er gulvplads til indsættelse af brikse, borde og reoler.

Som bogen illustrerer i fotos, bød tørke, blæst og regn på udfordringer. Og godt for det. For det betød tidlig tilpasning af byggeriet og isolering efter ekstreme vejrforhold.

Selv-byg af shelter gør det muligt – og det var vigtigt for os - at holde omkostningerne på lavt niveau. Genbrug gør det klart billigere. Genbrug rydder op i gemmerne og bunkerne af kasseret træ, ting og sager. Genbrug appellerer til nye løsninger – og er man så privilegeret at have gode venner, der aktivt bidrager med kasserede materialer – bliver genbrug også et spændende fællesprojekt. Manuskriptet til bogen er således med hjertefølt tak udsendt til alle bidragydere – som dokumentation for, at det de gav, gjorde gavn og resulterede i et shelter af unikt format.

Må bogen inspirere andre til genbrug ved renovering og etablering af fx tage med hvidkløver.

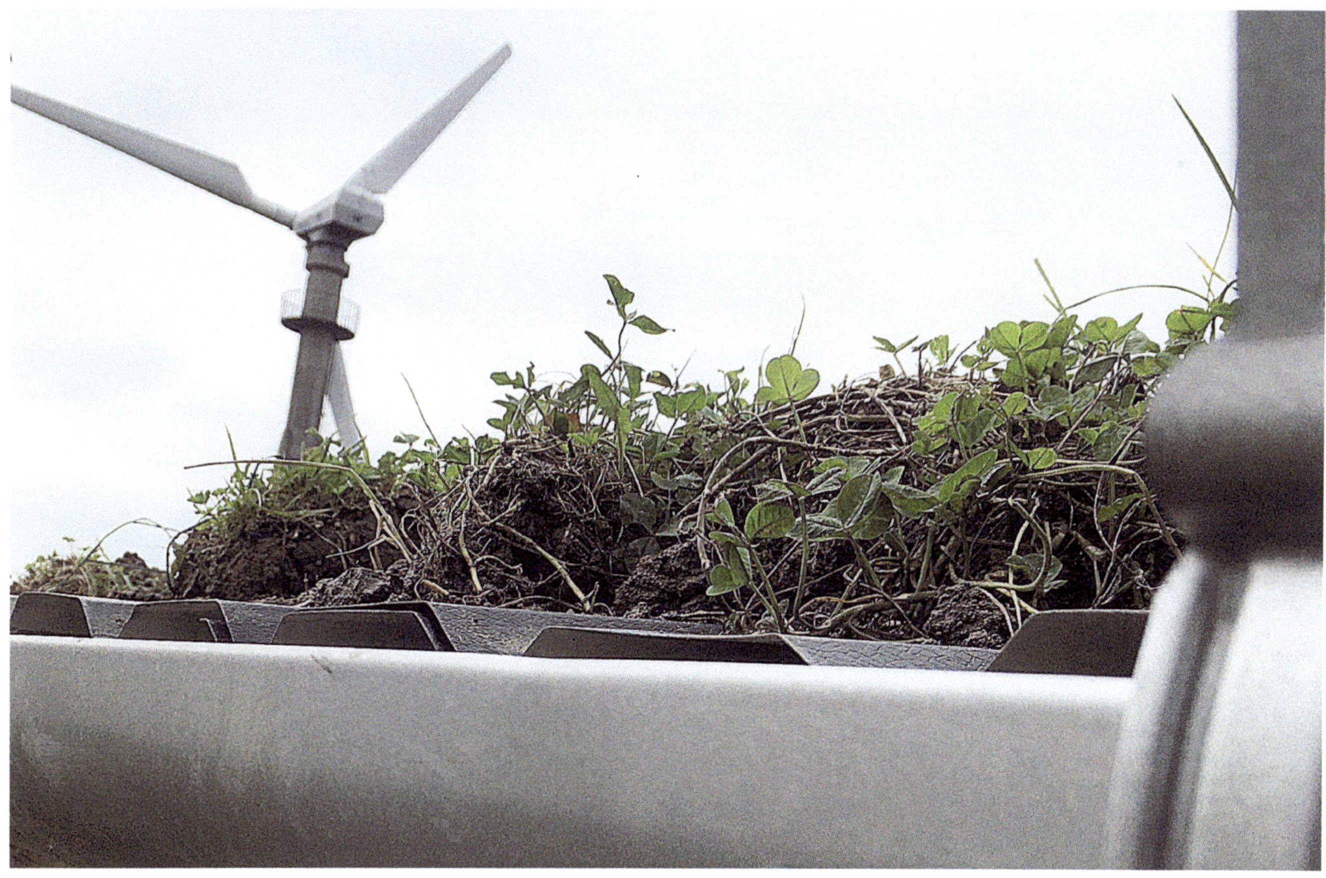

Indholdsfortegnelse:

Sortering af genbrugstræ fra lade

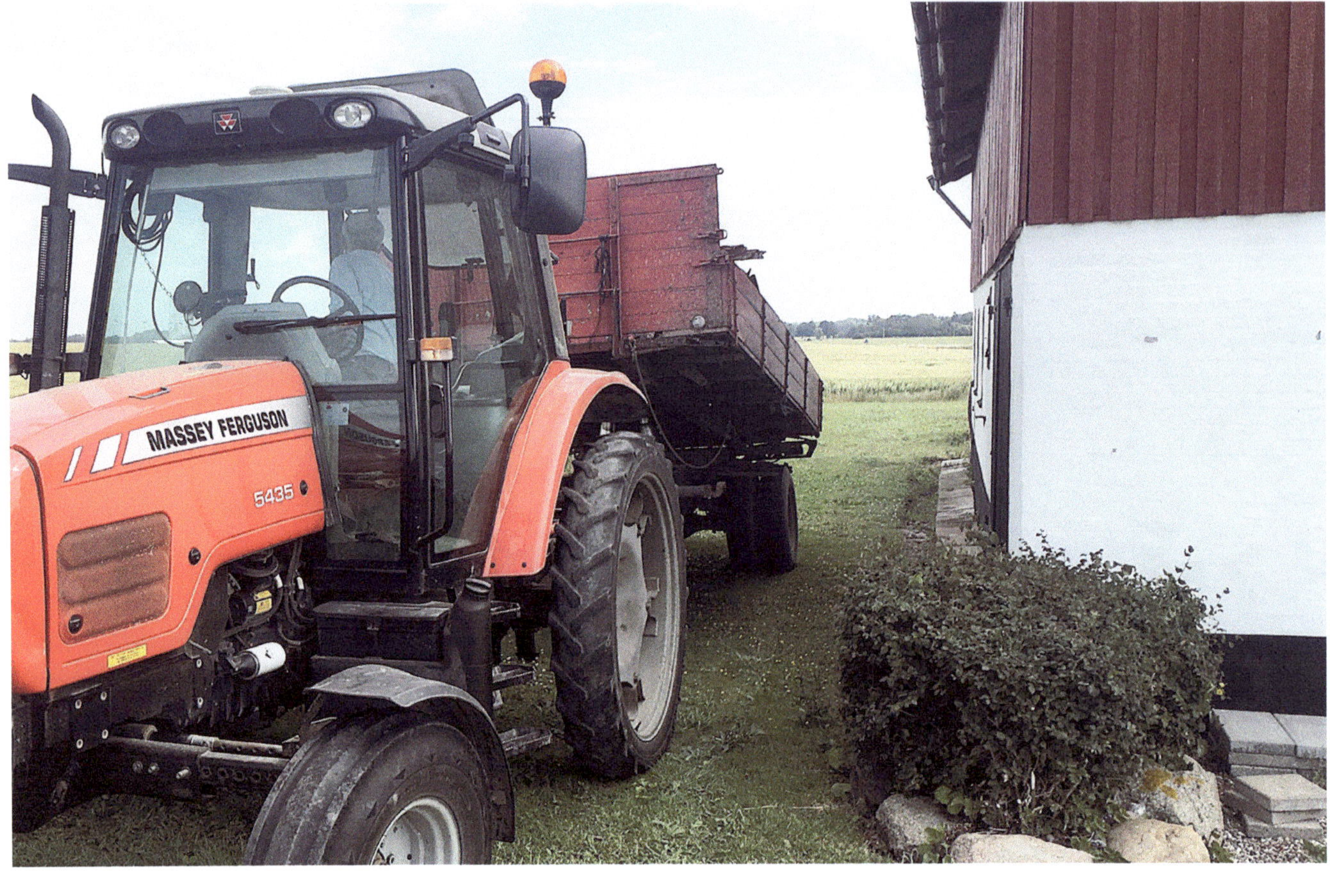

I juli 2019 leveres kasseret træ fra renoveret ældre lade, og et større sorteringsarbejde indledes. Meget er leveret med henblik på brænde til den forestående vinter. Andet skal bruges til bygning af shelter, bænke m.m.

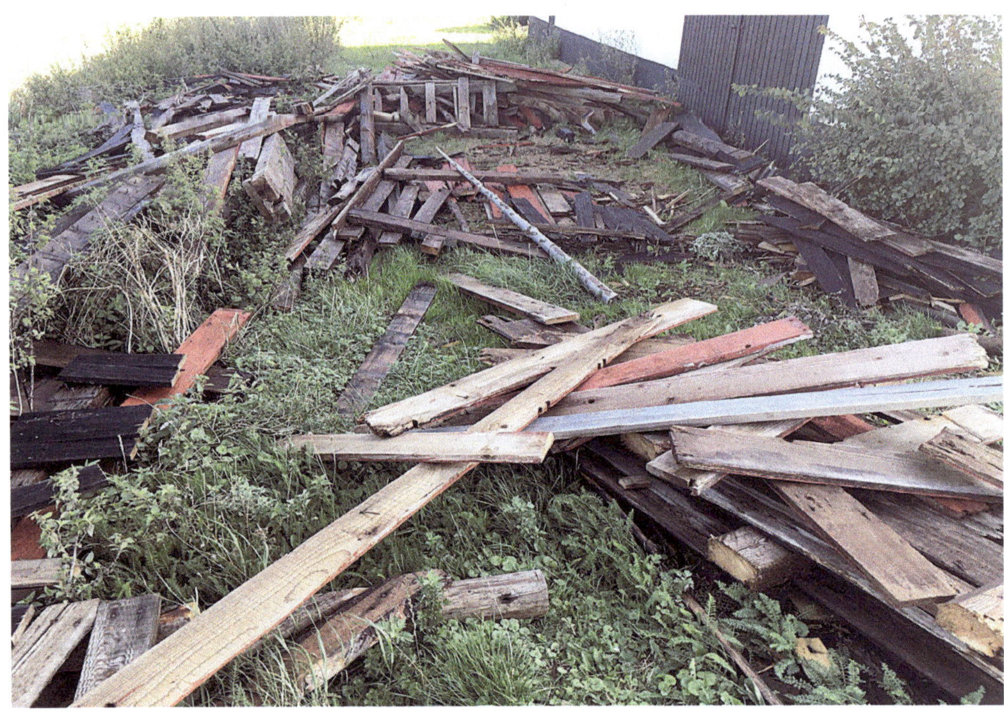

Uger senere er græsset vokset op mellem de resterende brædder. Der er fortsat meget godt træ at sortere.

Start på shelter med genbrug fra lade og bindingsværkshus

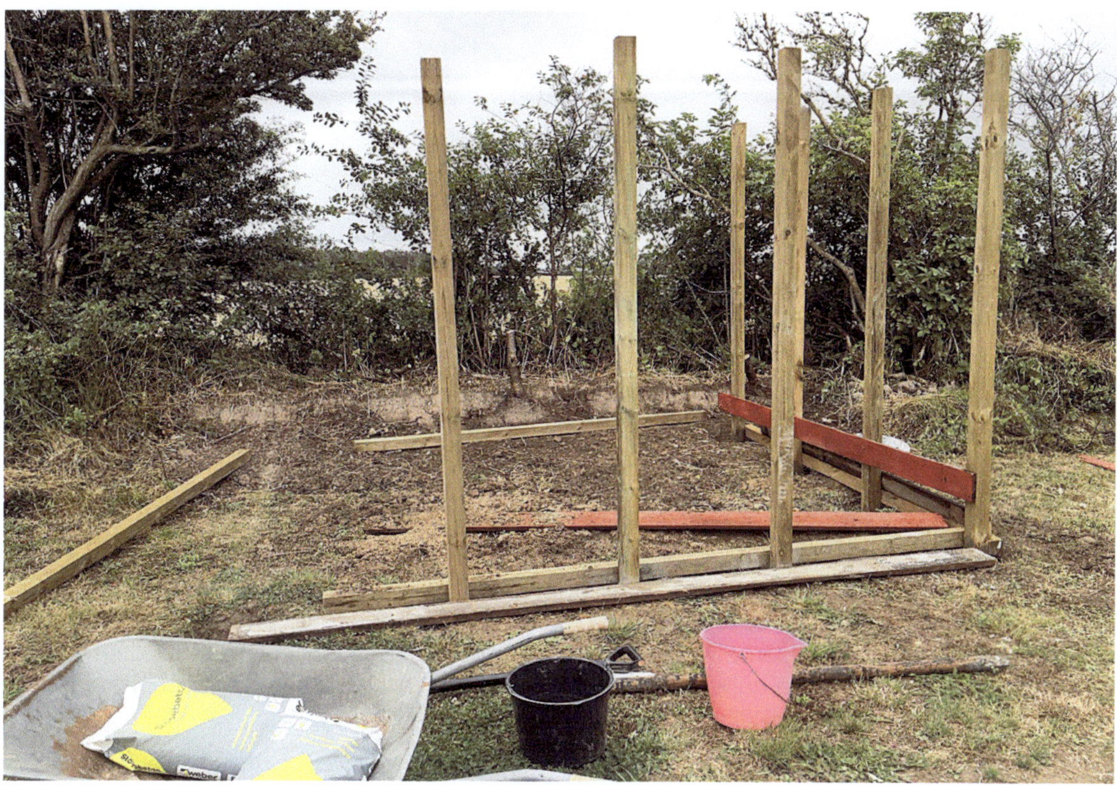

Aftalt med nabo anlægges shelter delvist inde i læhegnet uden risiko for at genere hans markarbejde. Tørke i juni og juli fortsætter i august – og opsætning af stolper kræver opblødning af den stenhårde lerjord med flere spande vand. Genbrugsbrædder fra lade er tilpas lange til at holde stolperne i spænd.

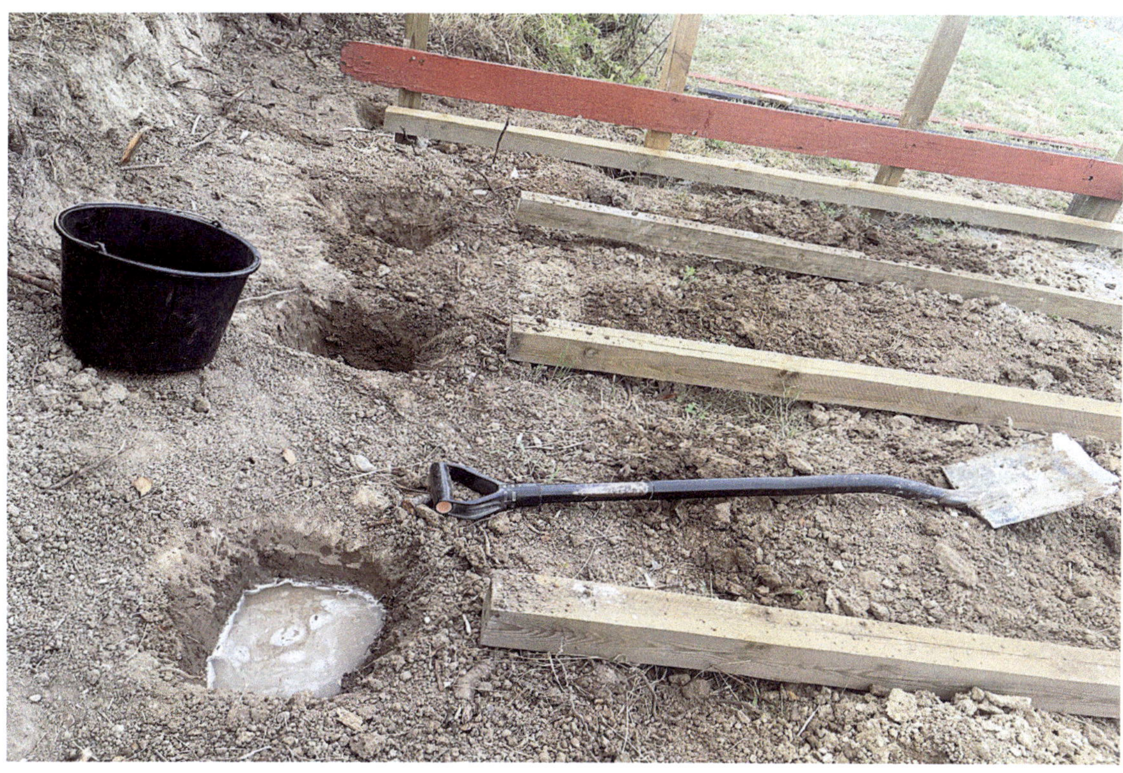

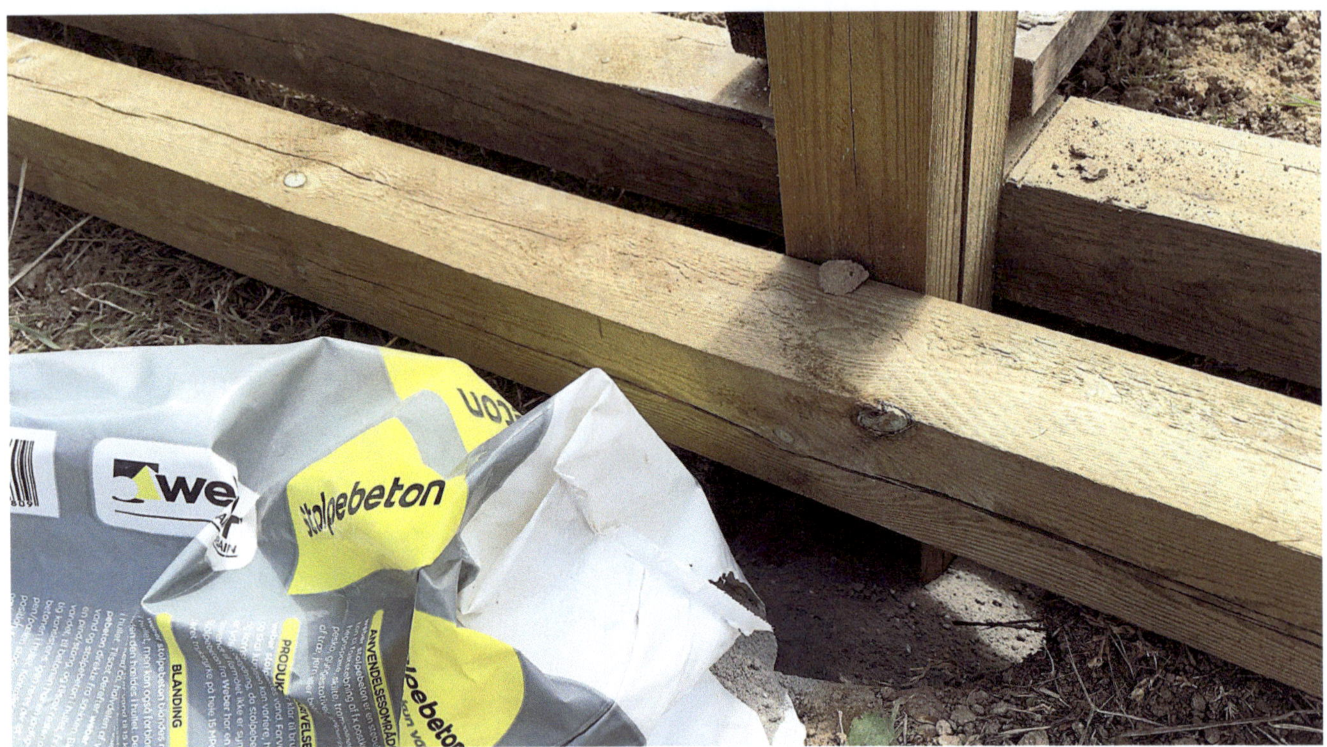

Selv om tør lerjord er stenhård, bliver samme lerjord blød og eftergivende, når den er gennemvåd. Derfor anvendes stolpebeton i stor stil. Stolperne virker umiddelbart spinkle, men der er mange af dem og de afstives af tværgående bjælker, der skal bære gulvet. De tværgående bjælker hviler på egne stolper, skruet fast i de lodrette stolper og nedsat i beton.

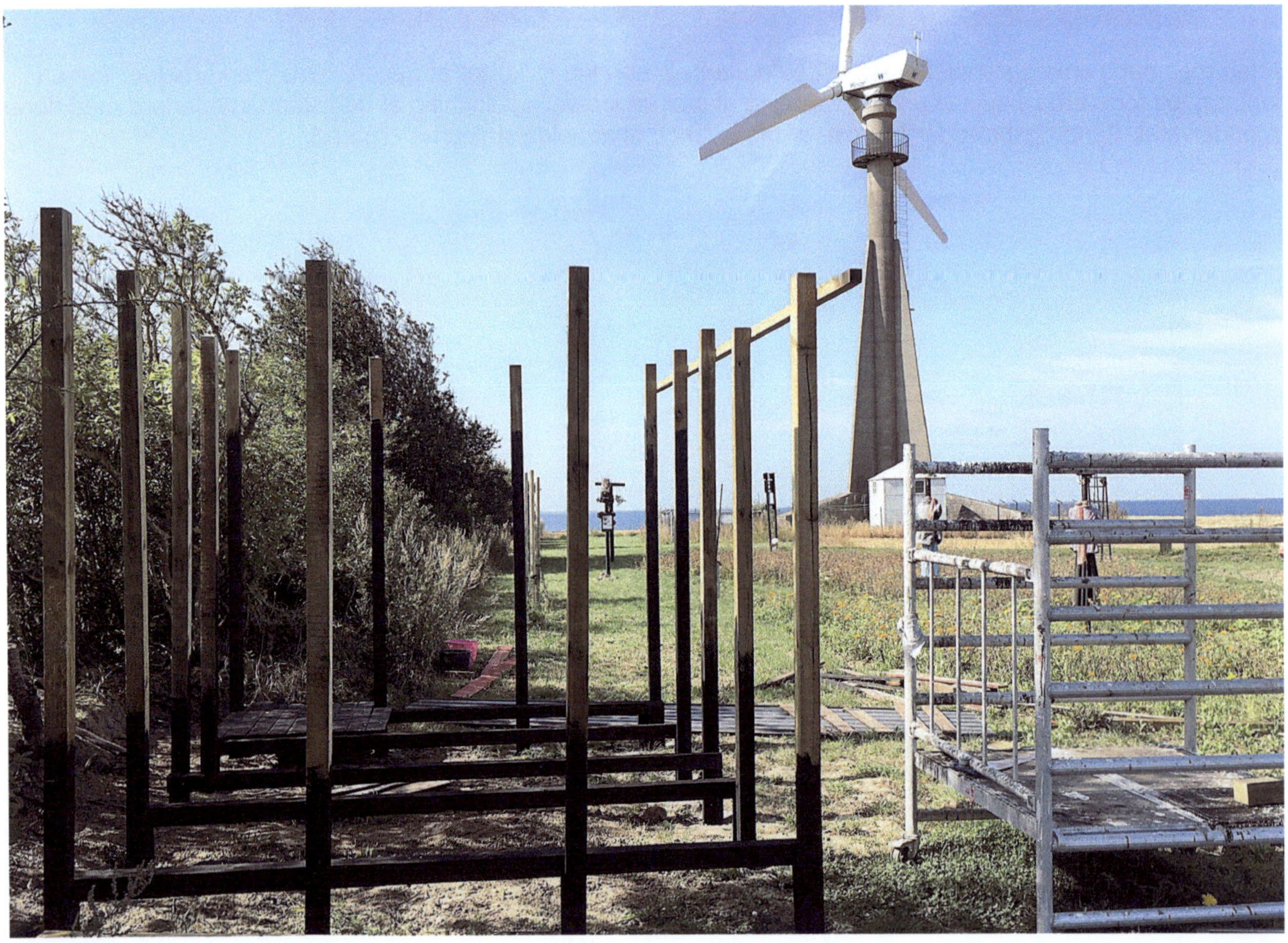

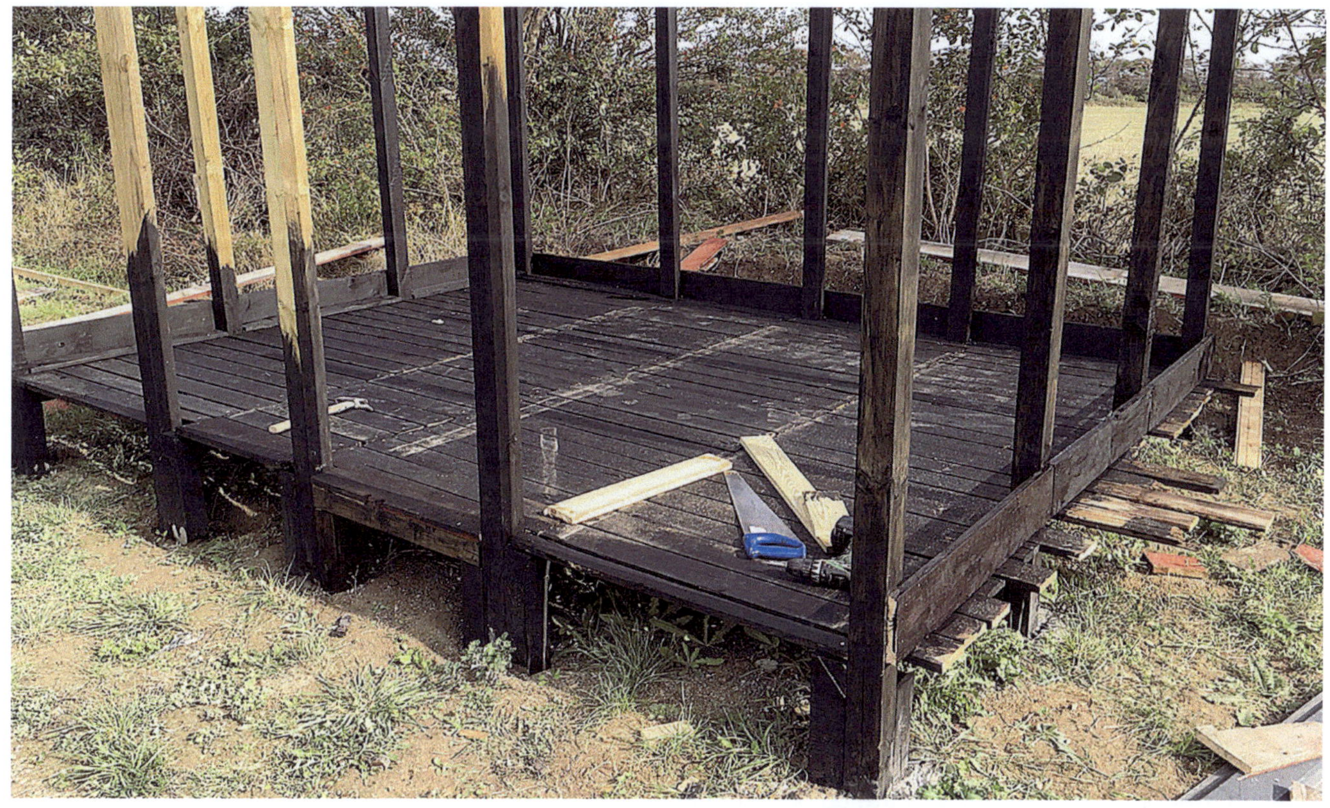

Underliggende gulv er behandlet på begge sider med bygningsasfalt iblandet linolie og mineralsk terpentin. Herefter udlægges plast til beskyttelse af et senere lag isolerende leca-kugler. Et nyt sæt tværgående bjælker skrues fast i og afstiver således yderligere de lodrette stolper.

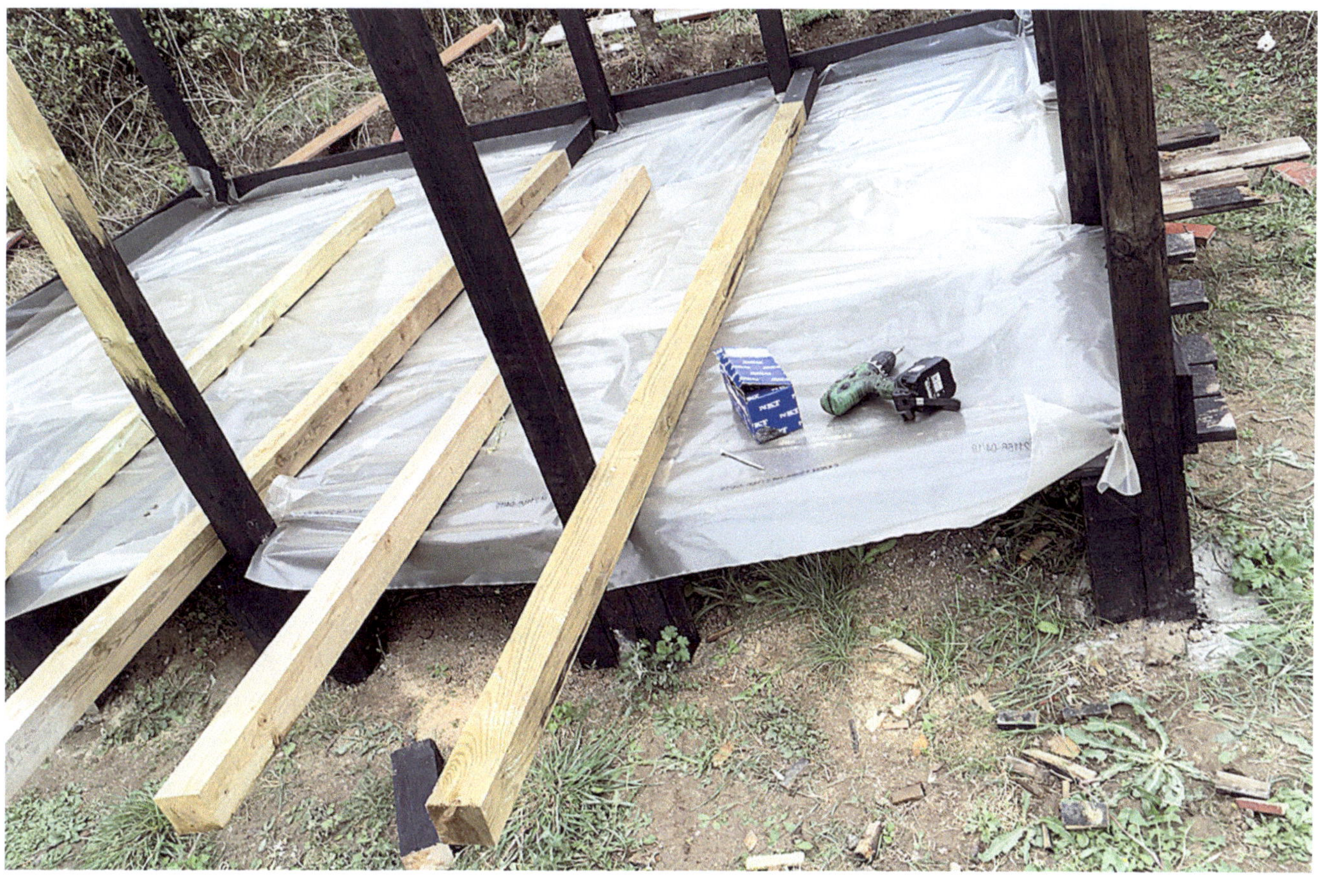

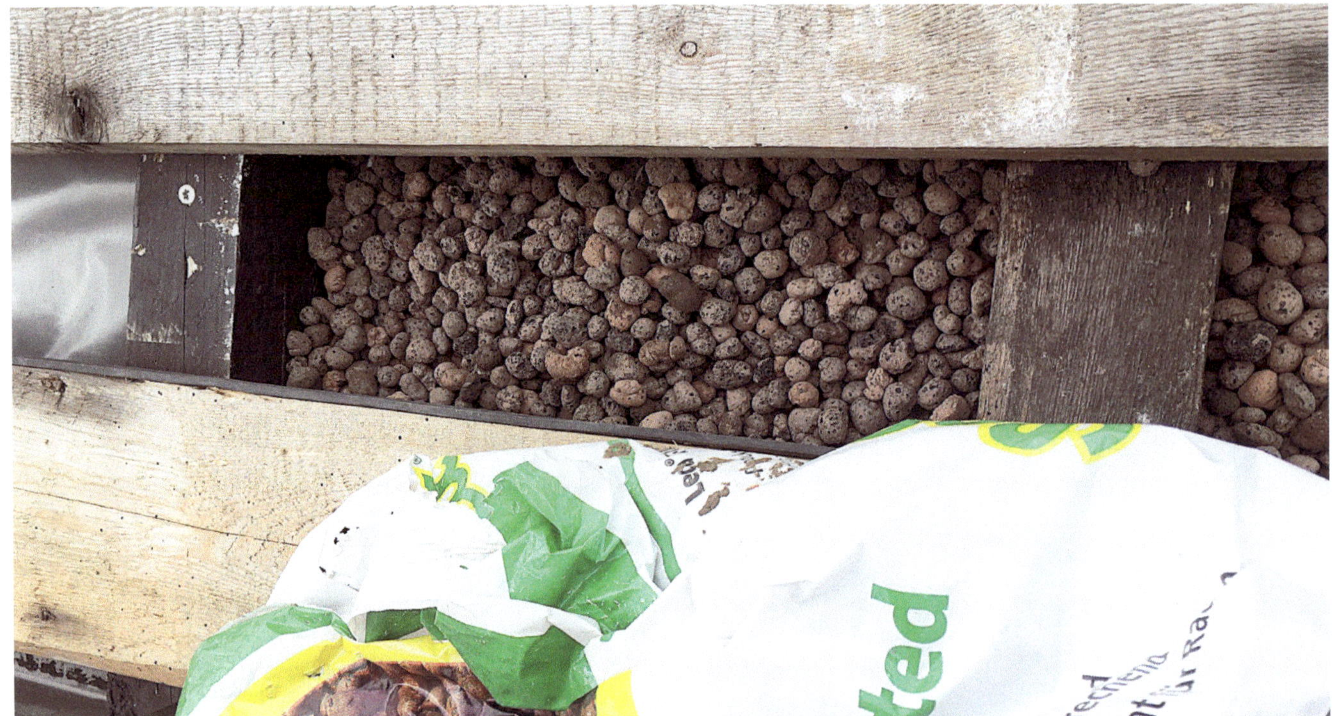

Kasserede gulvbrædder fra et bindingsværkshus i Gedesby. De solide, tykke brædder har været belagt med linoleum. Derfor er det bagsidens rå træ på brædderne, der vender opad. 10 mm gummilister påsættes kanterne for at hindre kold træk i at passere op mellem brædderne. Udlægning af isolerende leca-kugler skulle dog minimere kulde fra gulvet. Leca-kugler er et lerbaseret naturprodukt, som rotter, mus og andre skadedyr hverken kan leve eller lave gange i. Leca virker desuden svampebekæmpende. Gulvbrædderne bliver efterfølgende behandlet med finsk trætjære. Tjære har i generationer været anvendt til rustbeskyttelse af beslag, dørgreb m.m. samt sikring af bindingsværk, træskibe, fiskenet og bolværk mod svamp, råd og skadedyr.

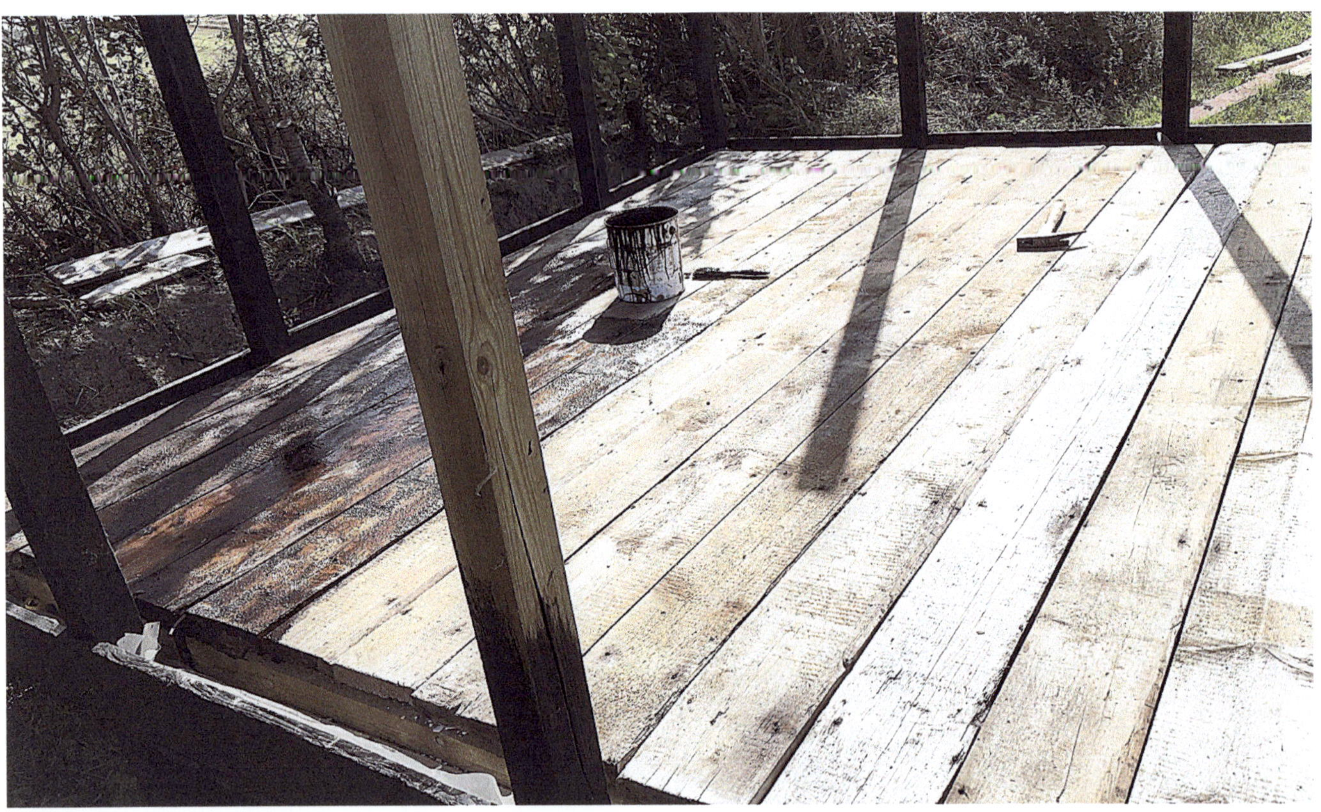

Tagplader fra nedlagt spejderhytte

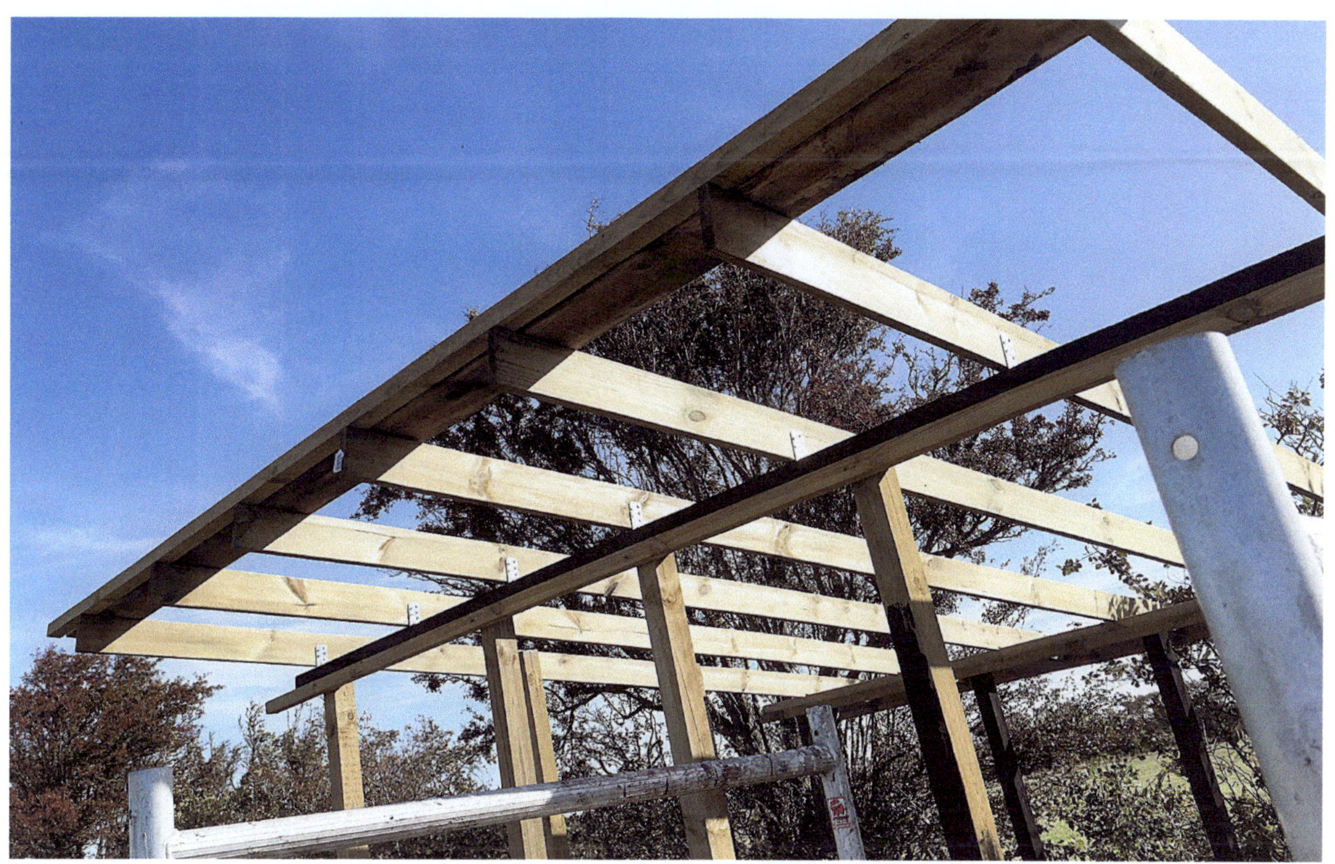

For at lette processen med vægbeklædning – opsættes tagspær. Generelt for den bærende konstruktion er brug af trykimprægneret træ. Ambitionen er, at vores shelter kan holde i mange år og klare tunge belastninger. Hældningen er på godt 11 grader, dvs. et fald på 20 cm/m. Iflg. Bolius.dk anbefales tage med græs en hældning på ikke mere end 14 grader. Det skyldes faren for, at græslaget skrider ned.
Kilde: https://www.bolius.dk/graes-som-tagbelaegning-19187

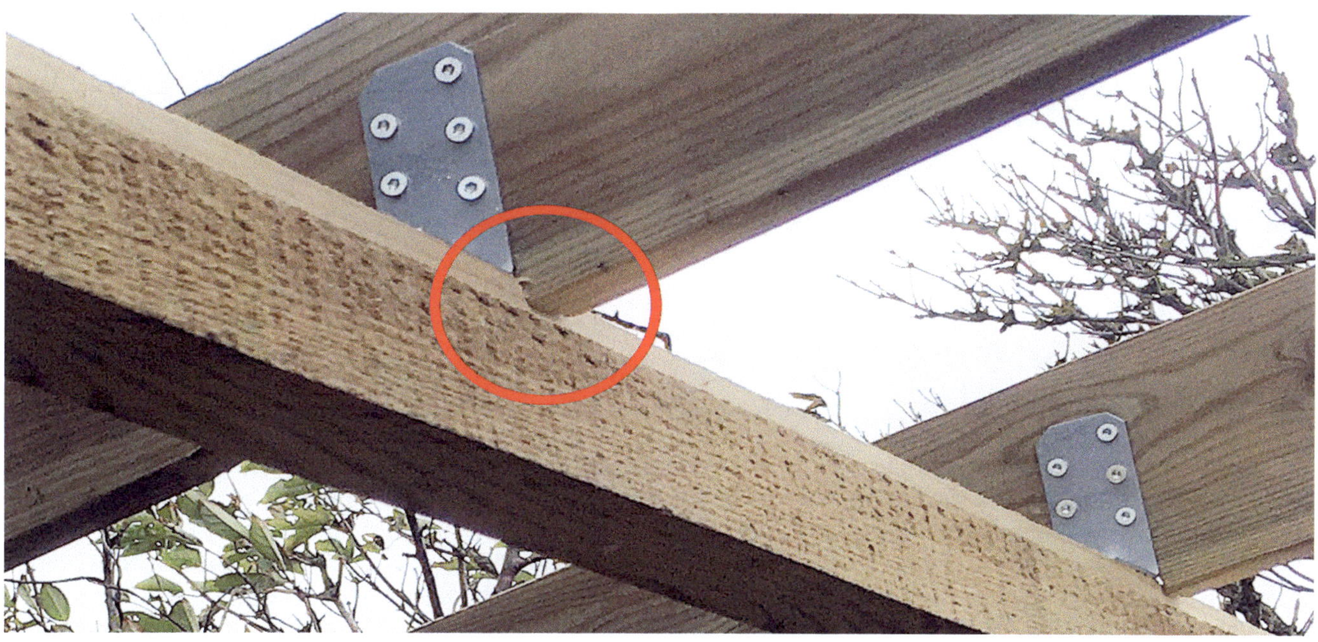

De bageste spær er savet til med en "bagstopper".

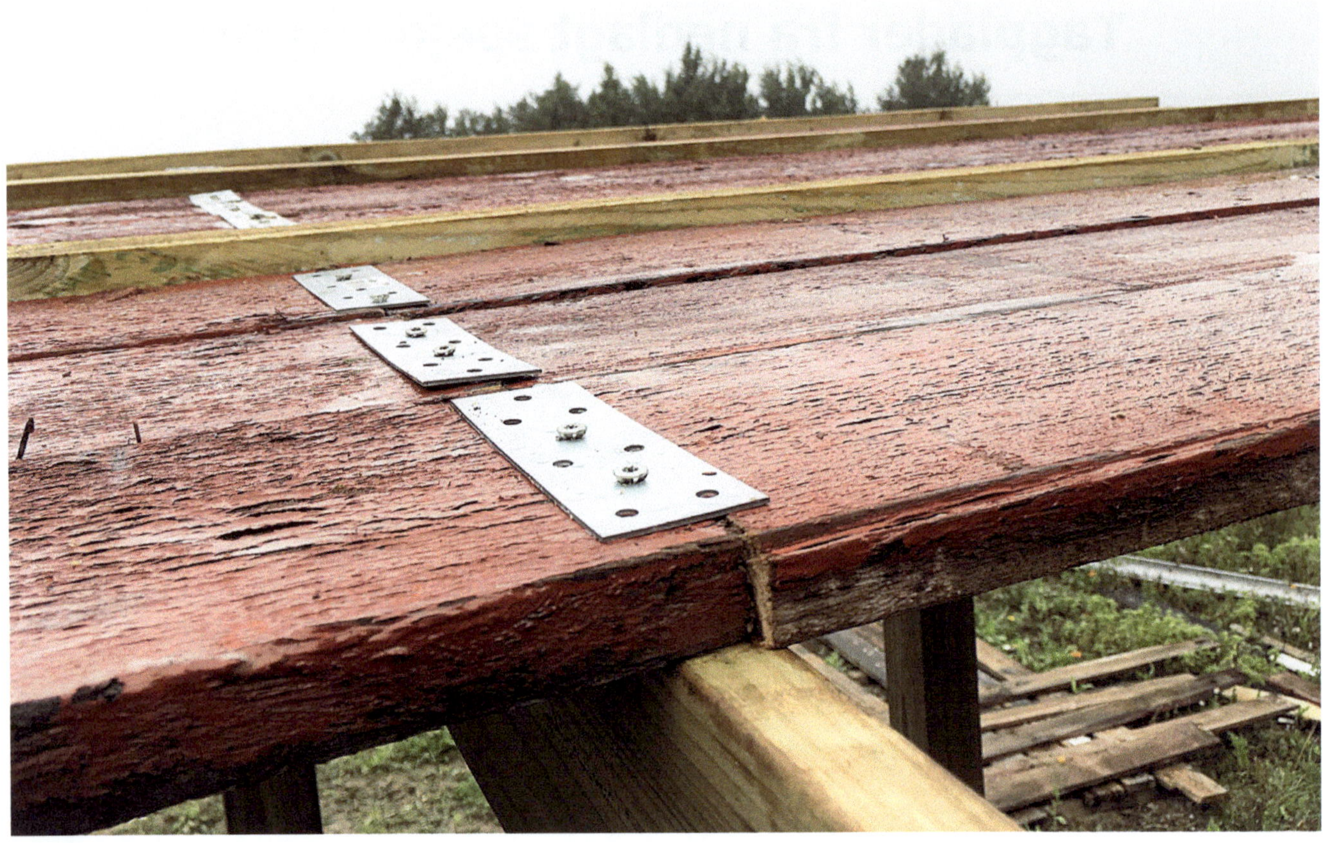

Brædder fra lade er på over- og underside behandlet med klar træbeskyttelse, iblandet linolie og mineralsk terpentin. Til yderligere styrkelse af tagets bæreevne er der suppleret med trykimp. reglar. Hulplader til samlingerne er fæstnet med lange, rustfri skruer.
Som det ses af foto er tørken afløst af regn. Faktisk bliver september den vådeste i 18 år.

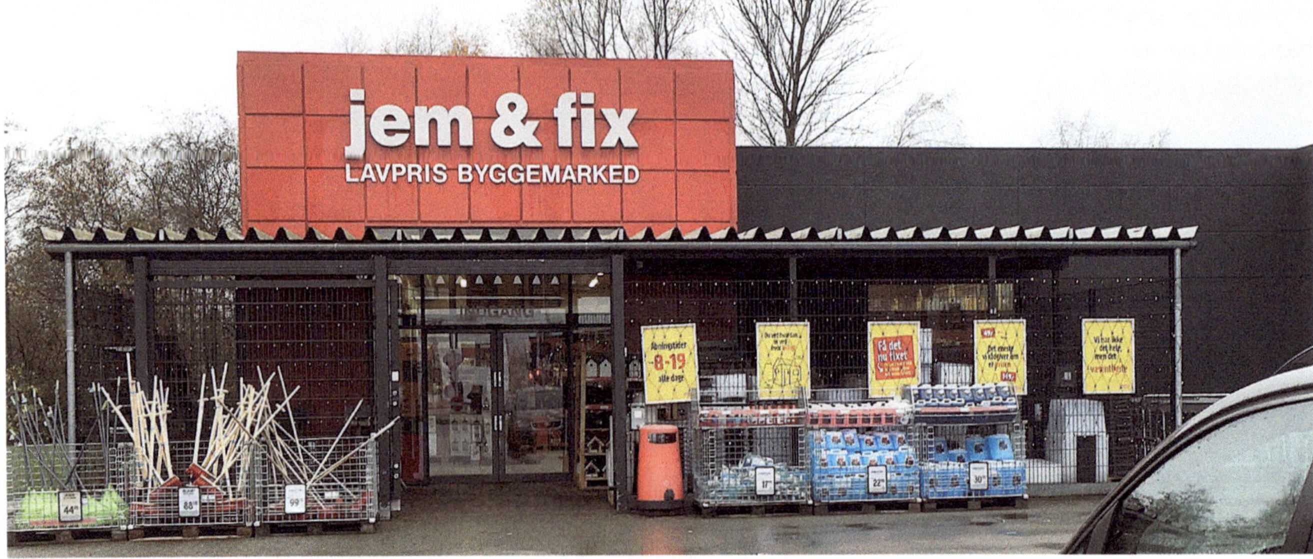

Internettet har været til stor hjælp, bl.a. med info om anbefalet hældning på græstage. Jem & Fix i Nykøbing Falster har i forbindelse med renovering af vores bolig og stald været leveringsdygtig i beslag, skruer, brædder, cement m.m. Så da etableringen af shelter blev påbegyndt, var det med samtidig talrige besøg i byggemarkedet. Personalet engagerede sig i shelter-projektet og bistod med nyttige råd om eksempelvis brug af regnvåde brædder. For selv om det våde træ absolut er vanskeligt at save i, kunne montering af såvel tag som ydervægge sagtens fortsætte. Ofte er stolper og brædder i forvejen fugtige af trykimprægnering og kan alligevel anvendes. Det imprægneret træ skal dog "dampe af", tørre i minimum et år, før det kan males.

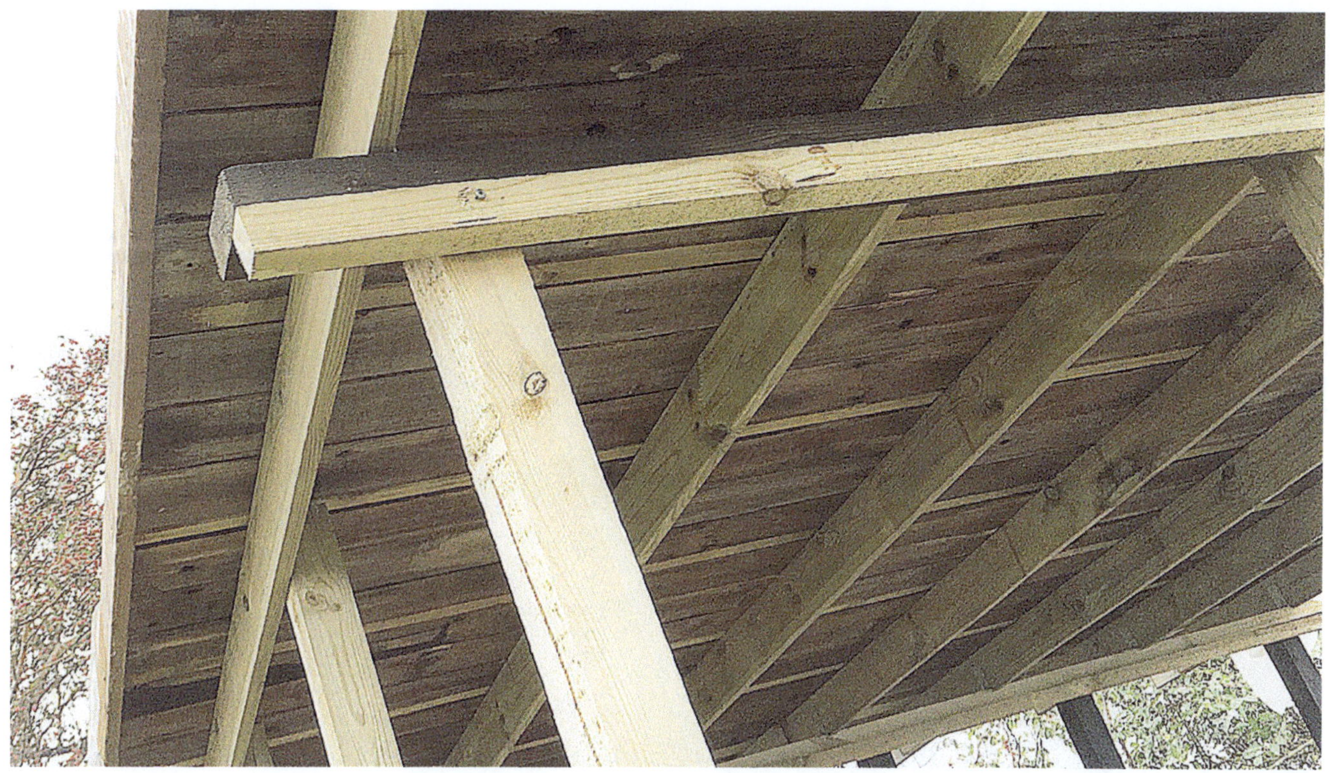

Heldigvis blev de "røde" brædder fra lade under sortering i juli-august lagt ind i vores egen stald og er således i tør stand. Så på de få tørvejrsdage i september, bliver tagdækket af brædder gjort færdigt.

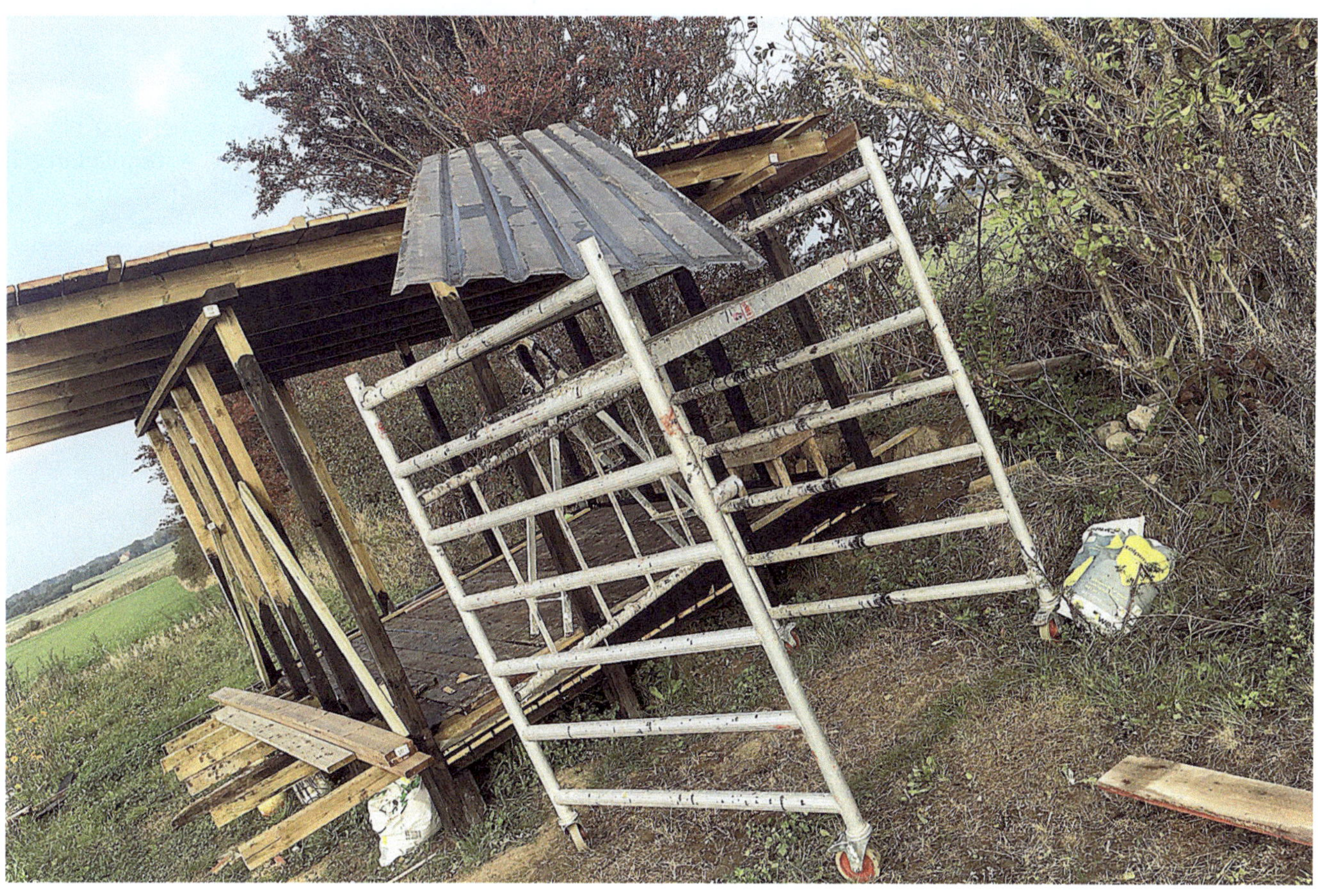

Solen skinner tilmed, da de godt fire meter lange metal-tagpladser (genbrug fra en nedlagt spejderhytte i Gedser) bliver skubbet op på taget, til montering på reglar og spær.

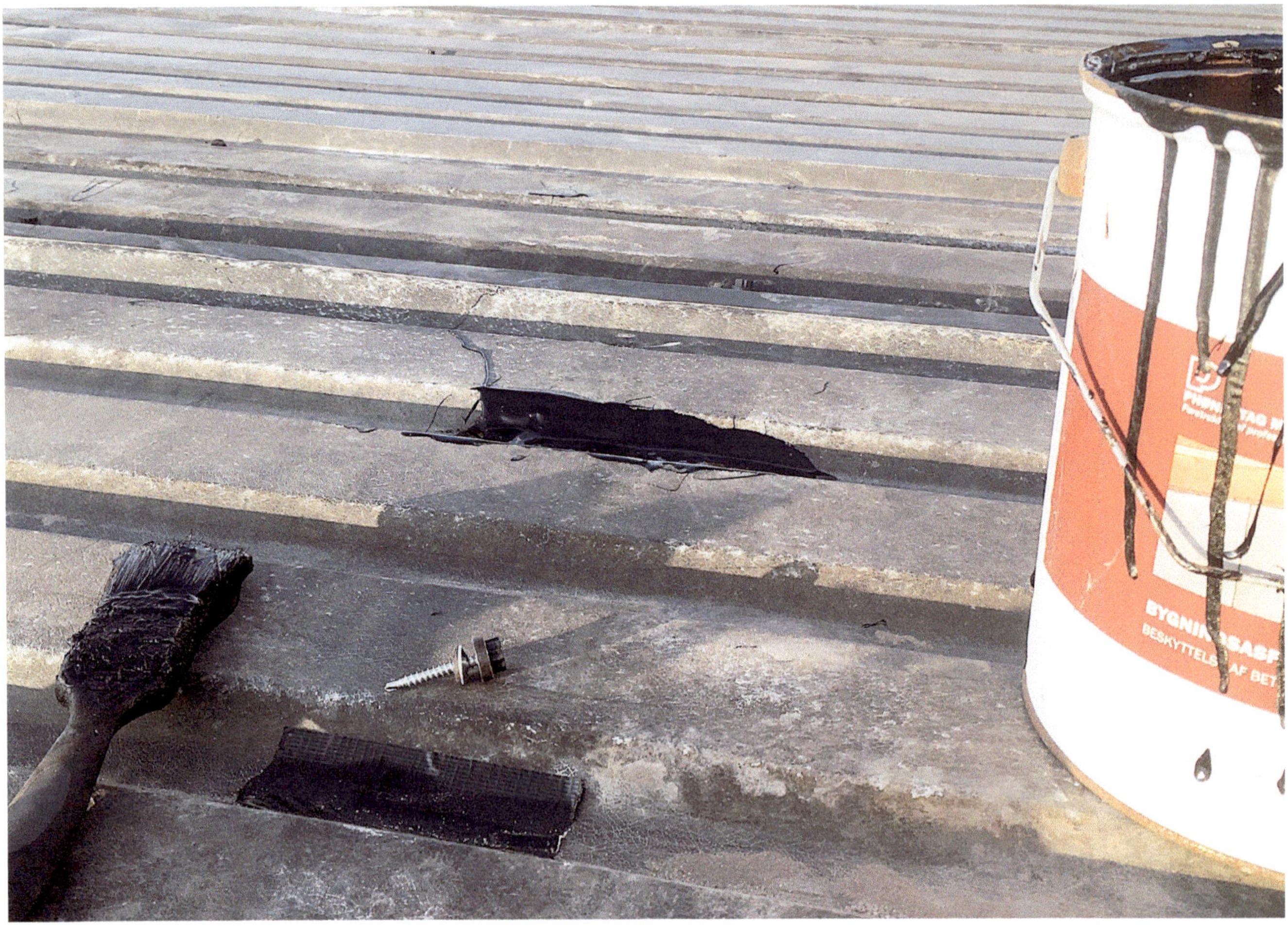

Tagplader monteres med tagskruer og revner/sprækker dækkes først med gaffa-tape og sovses hernæst til med et tykt lag bygningsasfalt. Bortset fra enkelte sprækker, hvor tidligere tagskruer har siddet, er tagpladerne i perfekt stand.

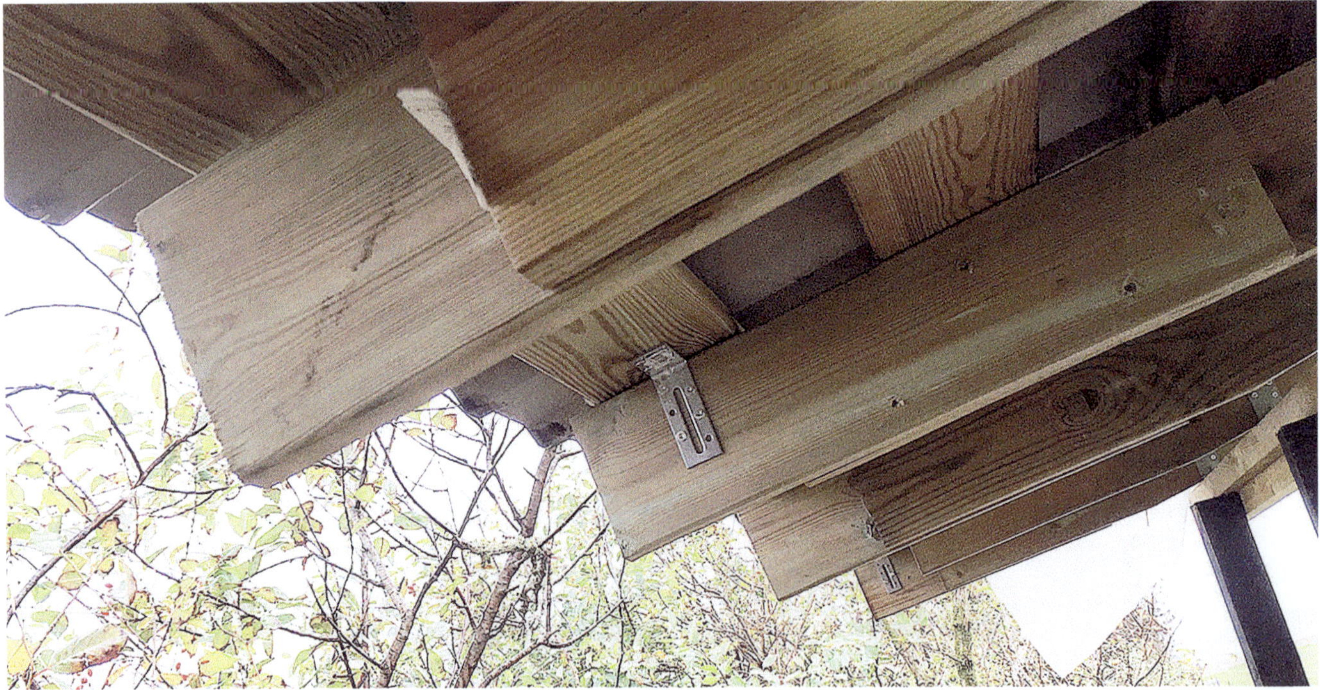

Forlængelse af tagspær, så disse i mål passer til opsætning af tagrende.

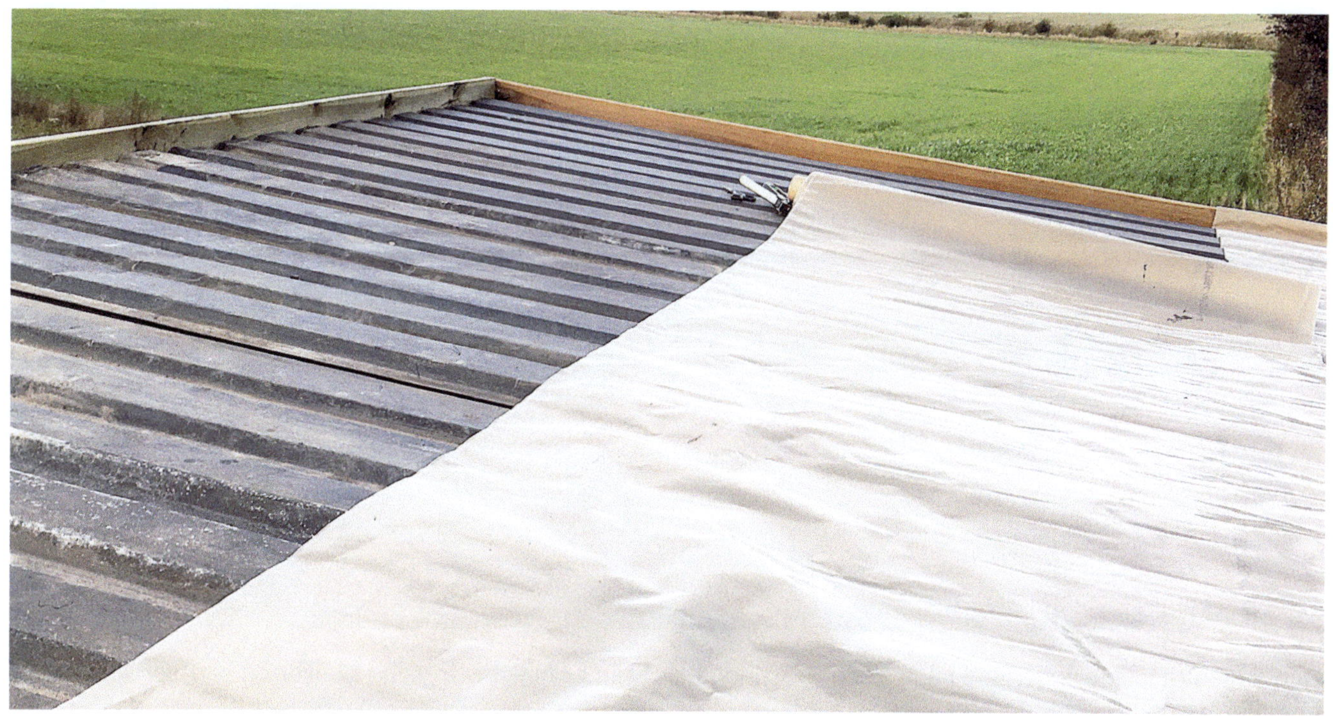

Plast er lagt ud og påhæftes vindskeder. Da der loves blæst til natten, placeres tunge bjælker og stolper oven på plastdækket for at holde det på plads.

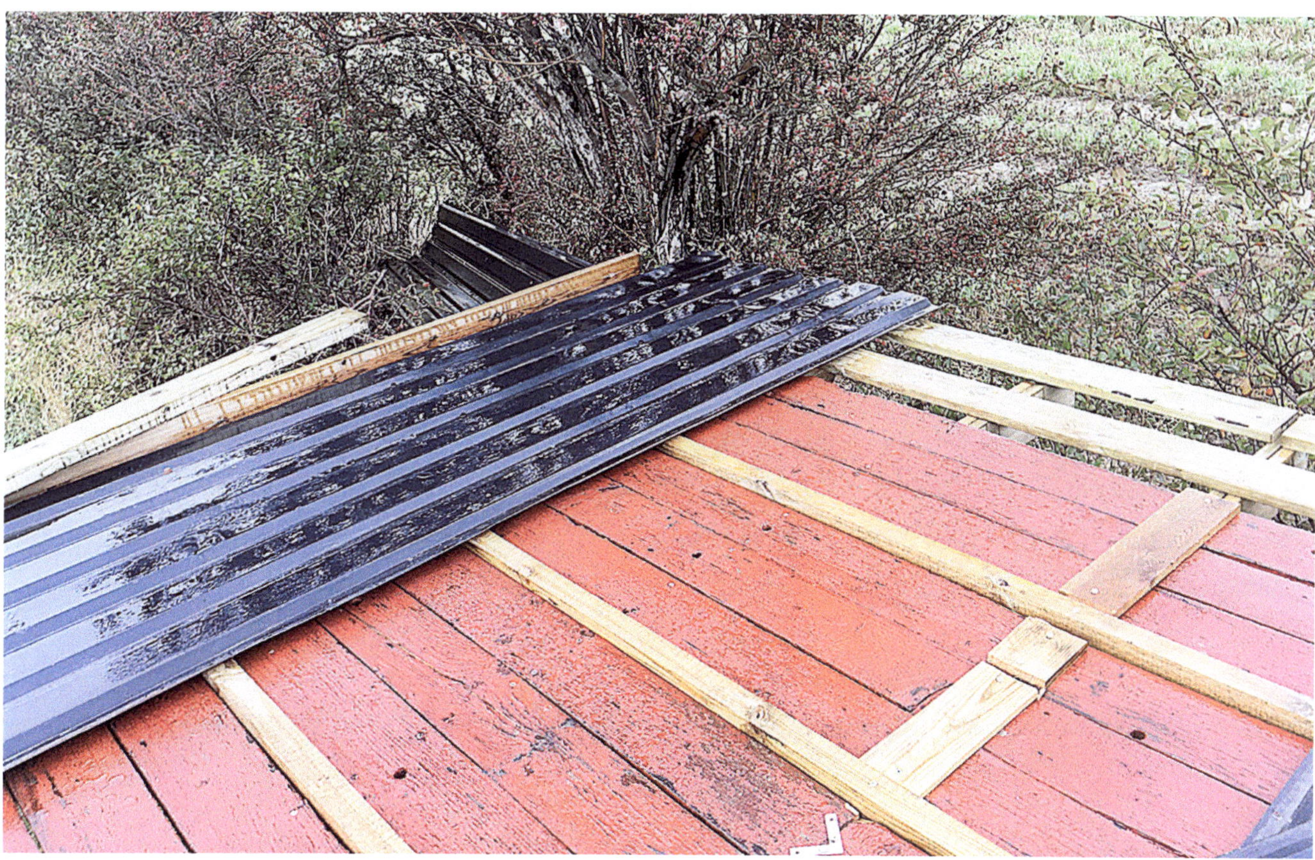

Dagen efter ses resultatet af nattens blæst og byger. Blæsten har alligevel haft mere kraft end først antaget. To tagplader er blevet revet af. Inddækningen med plast er flået til side. Og de tunge bjælker og stolper, der ellers skulle holde plast og tagplader på plads – ligger i spredt fægtning på jorden.
En af tagpladerne er havnet i læhegnet, kilet fast mellem tjørn og vild rose.

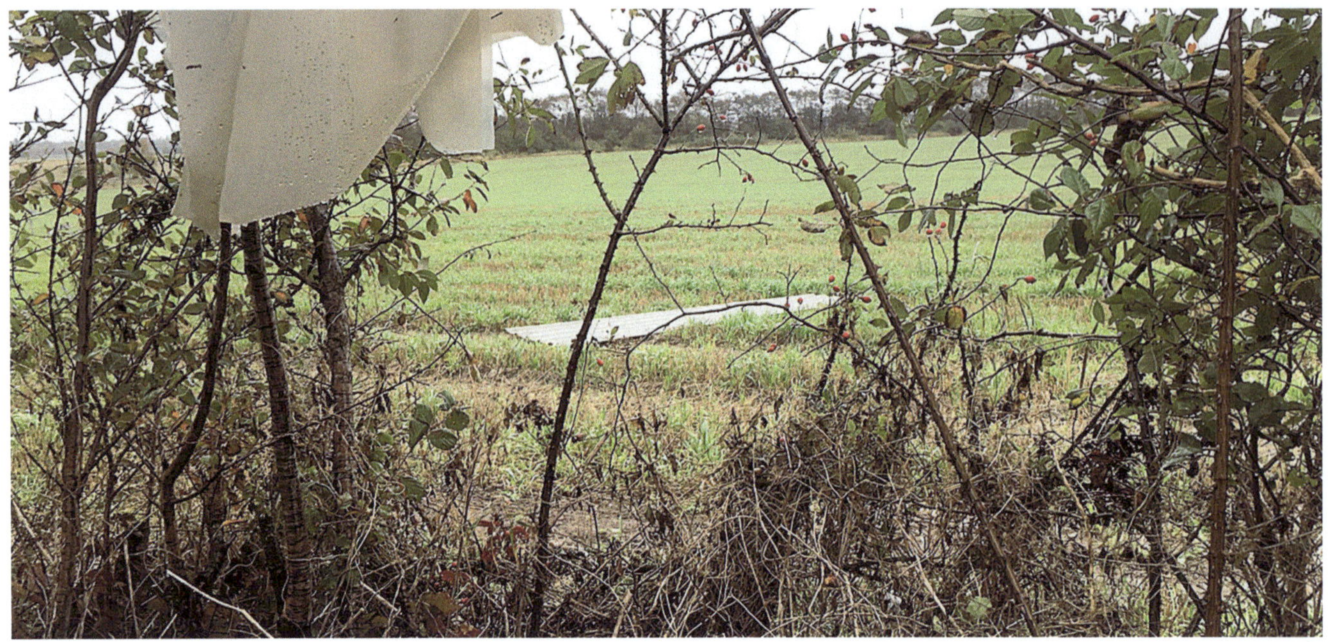

Den anden tagplade ligger ude på marken. Plastinddækningen er blæst sammen i bunker og hænger som gardiner fra de bageste tagspær.
Bemærk i øvrigt, på foto nedenfor, at et prøveudlagt stykke dyrehegn heller ikke har været i stand til at holde plast og plader på plads. Dyrehegnet er krøllet sammen i bunken af plast.

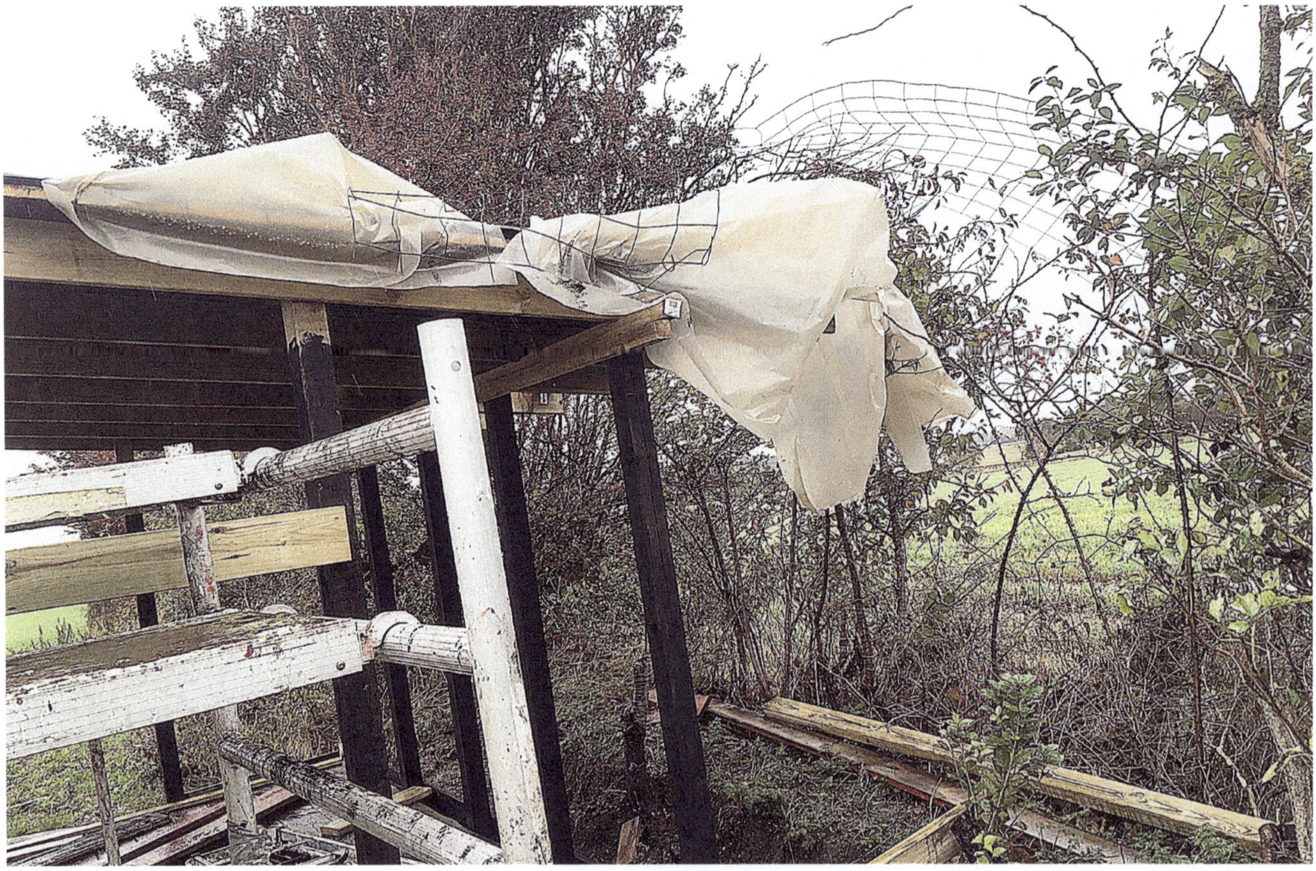

Med mere blæst i vente er der kun en ting at gøre. Hurtigst muligt at få hentet de forfløjne tagplader, montere dem og starte påfyld af hvidkløver.

Hvidkløver klarer kuling-testen

Hvidkløver har et kraftigt rodnet og til trods for brutal opgravning, vikler planternes rodnet - i ugerne efter - sig omkring det udlagte dyrehegn. Helt som håbet. Dvs. at denne Storm P.-løsning med dyrehegn allerede nu viser sig egnet som metode til at hindre erosion. Ikke dårligt. Og ja opdagelsen giver fornyet energi til at banke spaden i jorden, fylde poser med hvidkløver og løfte disse op på taget. Et tungt og langsommeligt arbejde.

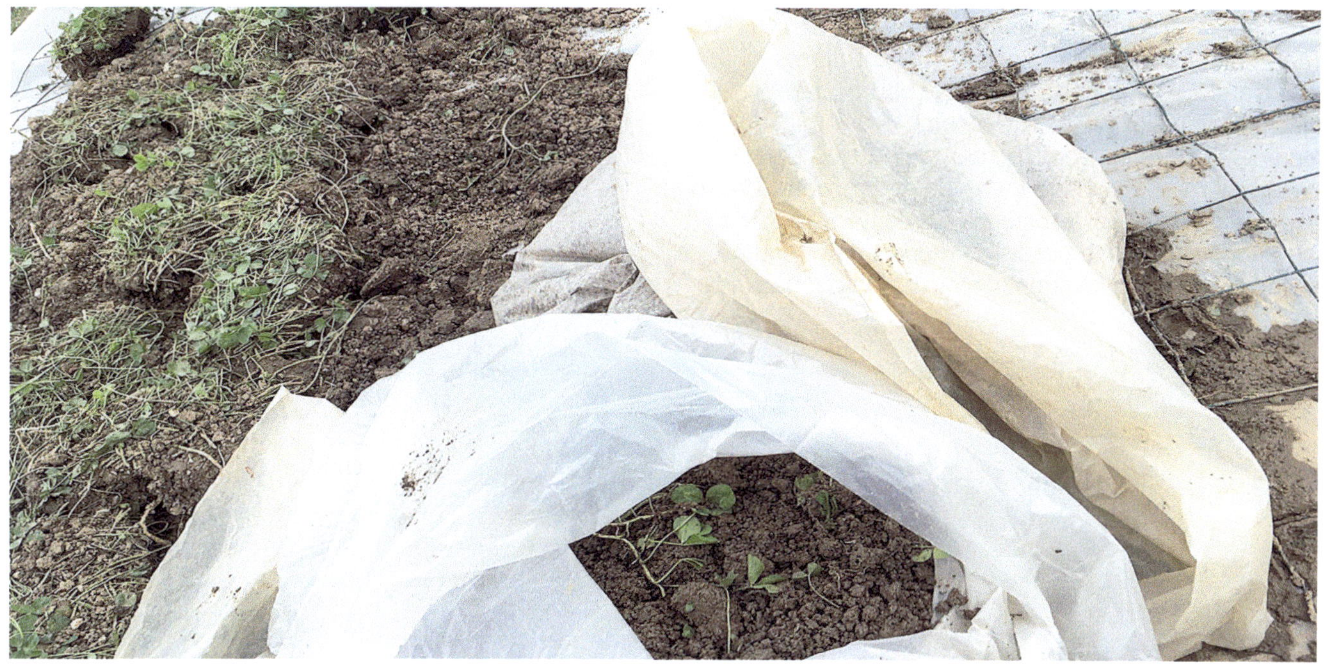

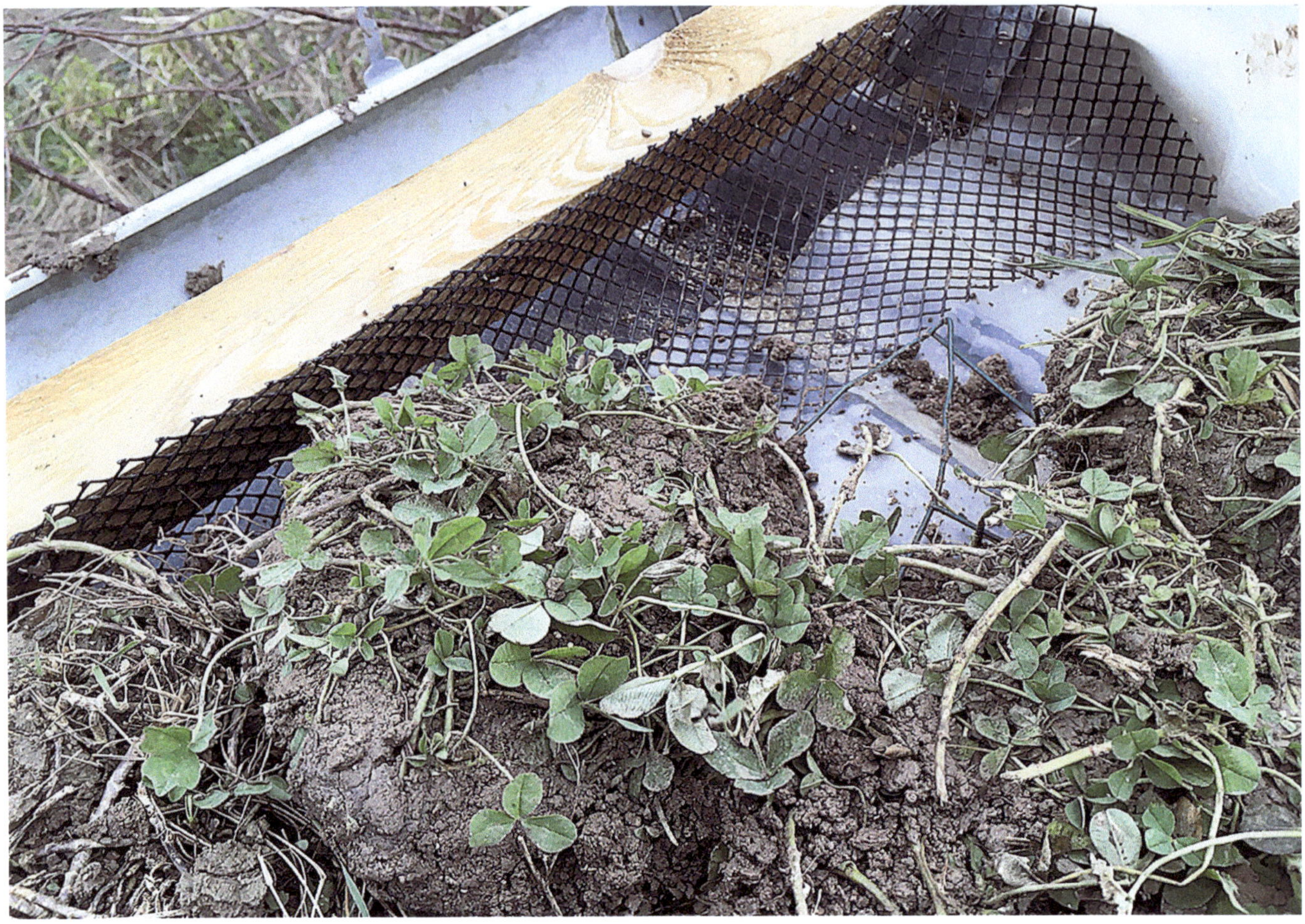

For at minimere udvask af lerjord i tagrende – er et tagrende-net monteret med hegnskramper på en tværgående trykimprægneret bjælke, placeret 3-4 cm over tagplader.
Hvidkløver er flerårig. I landbruget anvendt som foderplante og da blomsterne er rige på nektar, er den også en populær afgrøde for biernes honningproduktion. (Kilde: https://da.wikipedia.org/wiki/Hvidkl%C3%B8ver)
Bestanden af hvidkløver på taget får i januar-februar tilført kompost. Kompost er lettere end lerjord og giver planterne en øget vækstdybde – uden at belaste tagets bæreevne.

Tagrende er genbrug fra nedlagt Spejderhytte. Tagrenden er lidt for lang og skal på sigt tilpasses. Regnvandsopsamler er ligeledes genbrug. Den blev indleveret af venner i Gedser. Med de store regnmængder, der falder i september og oktober i år, gør både tagrende og regnvandsopsamler god gavn. Inden opsætningen løb regnvandet fra taget ind under shelter. Nu opsamles regnvandet – og kan til sommer udgøre et supplement til planlagt bålplads.

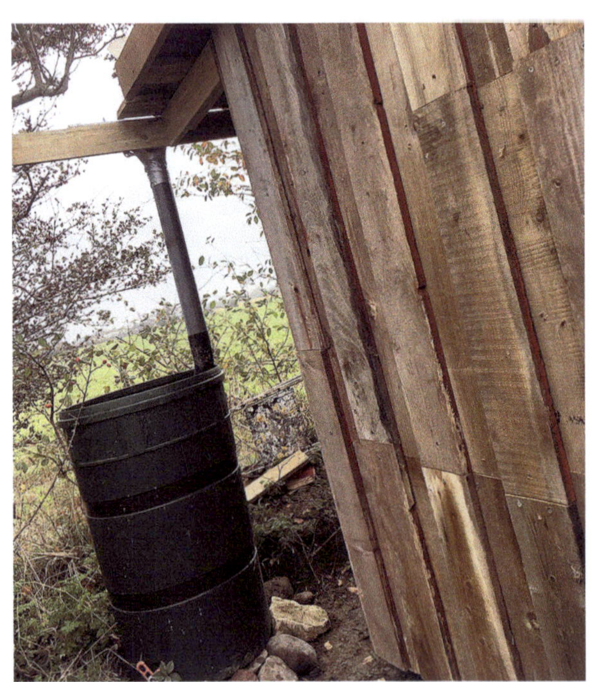

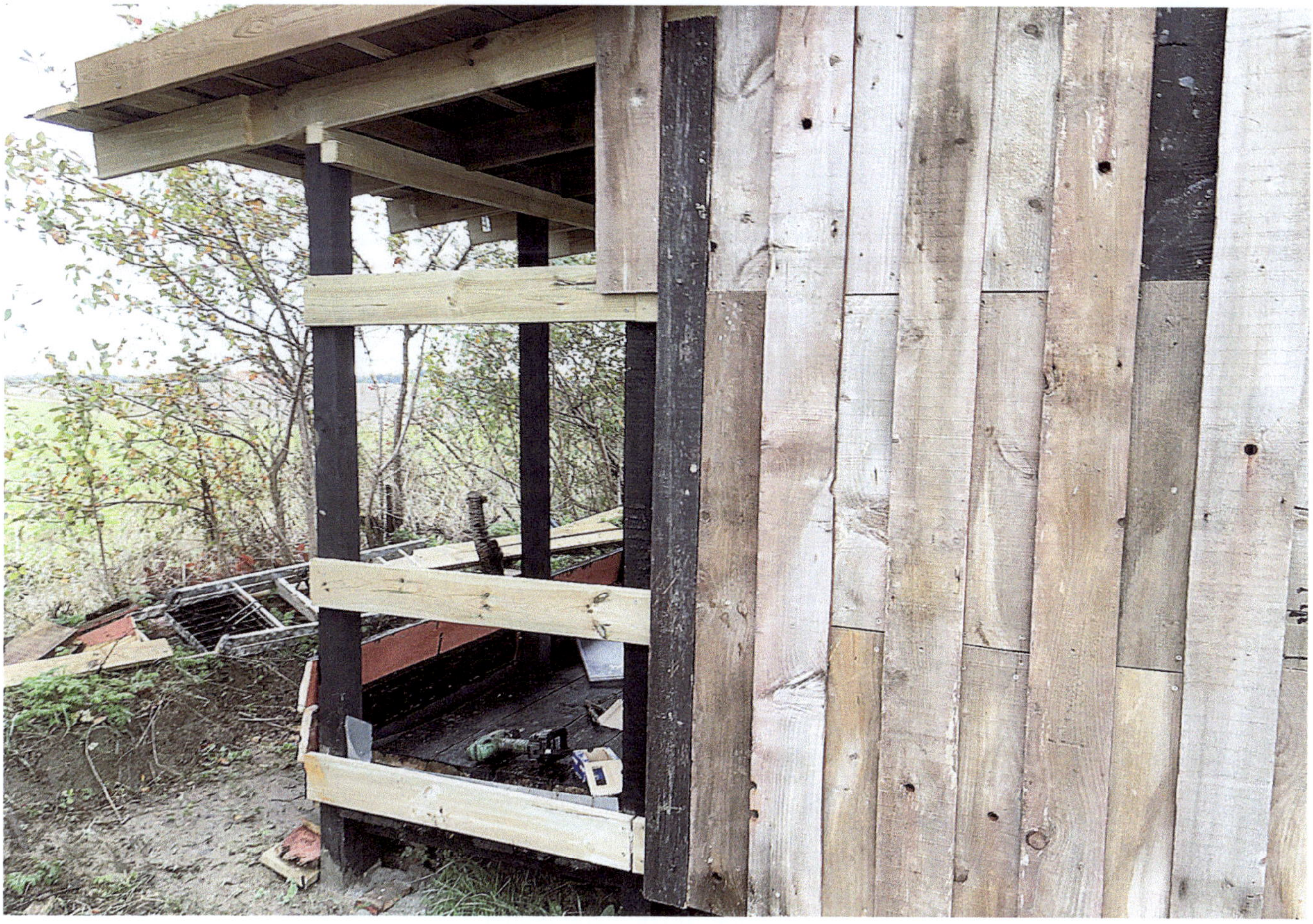

Selv om taget langt fra er fuldt dækket med hvidkløver, holder tyngden af det, der er udlagt, tagpladerne på plads. Kuling-testen er blevet klaret op til flere gange. Det har givet arbejdsro og i øvrigt også læ for regnen til at sætte brædder op på siderne.

Ligeledes i læ for regnen afstives bjælkerne, der skal udgøre indgangspartiet til shelter.

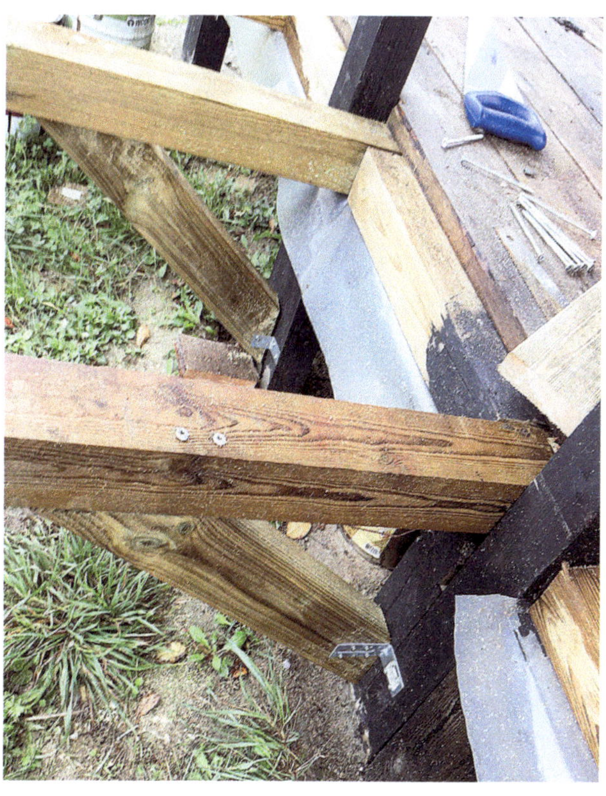

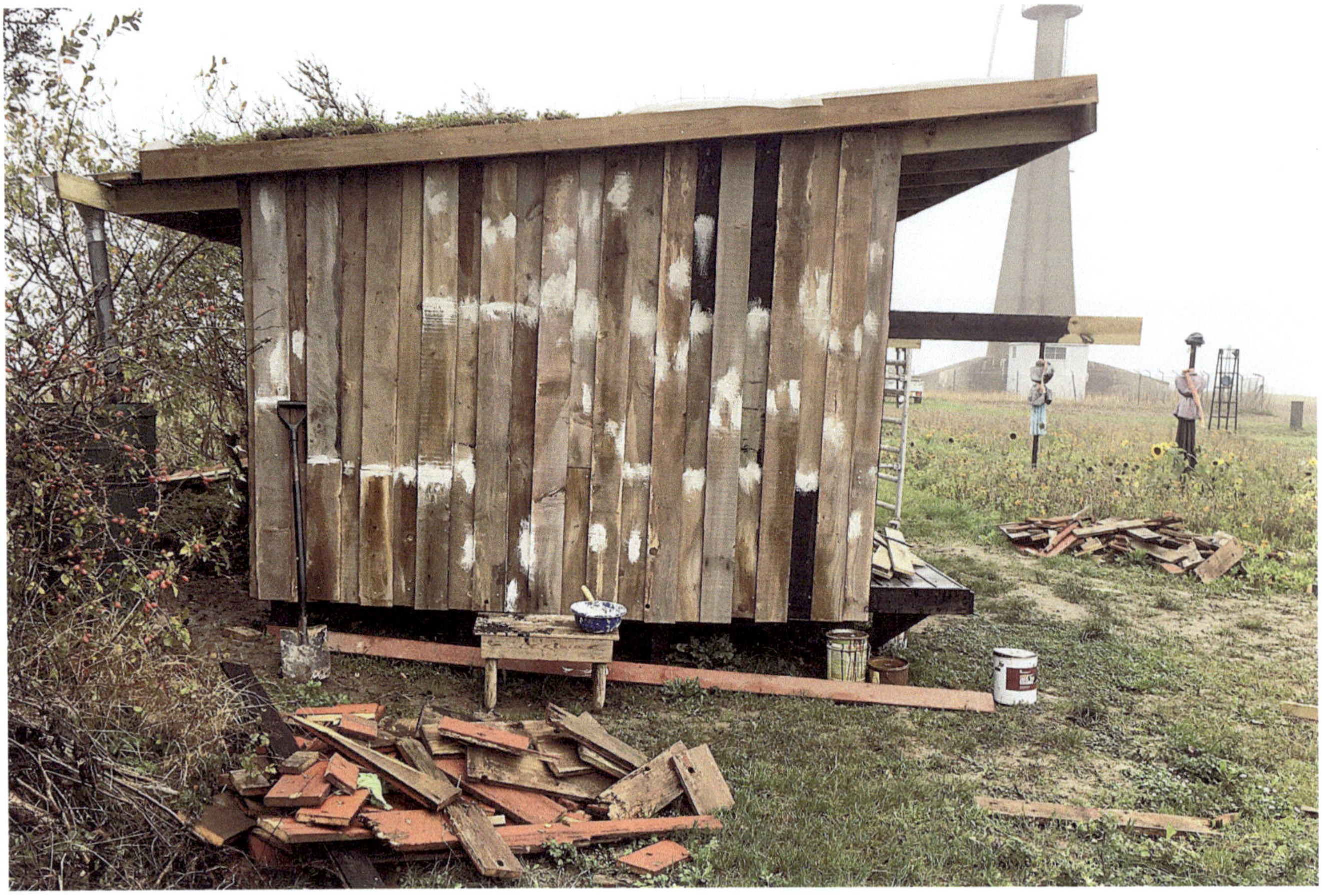

Huller efter rustne søm, huller hvor knaster er faldet ud og dybe revner, hvor træet er flækket - fyldes med Cempexo (oprørt til en tyk cementblanding). Metoden er velkendt ved renovering af bindingsværk.

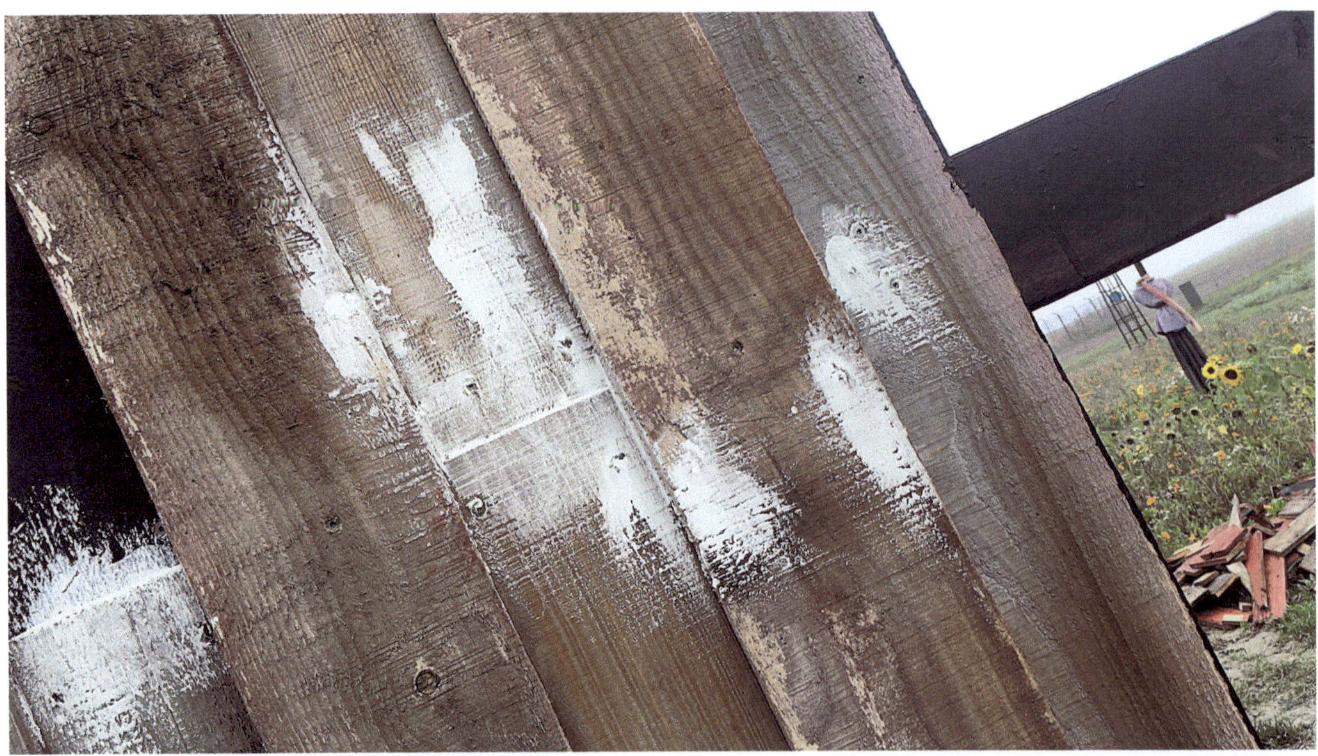

Brædderne er fejlagtigt savet med en lige, lodret kant. Dermed kan vand trænge ind i samlingen. En skrå kant på endefladerne spærrer for indtrængende vand. Så for at råde bod på fejlen, fyldes samlinger med cempexo.

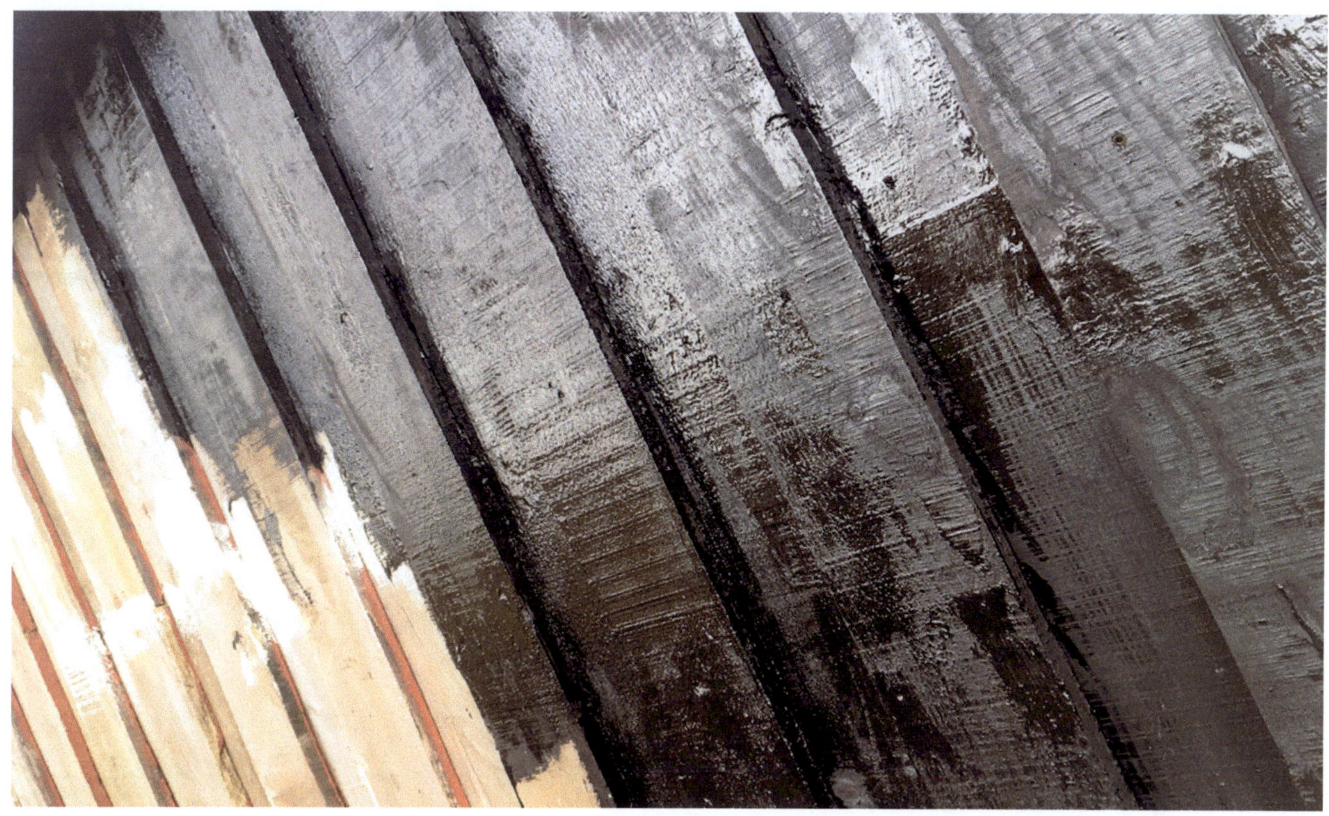

Bygningsasfalt, iblandet linolie og mineralsk terpentin, påføres. Behandlingen dækker cempexo-opfyld og beskytter træet mod vejr og vind, skimmelsvamp og skadedyr. Hærdning er langsommere på denne tid af året. Bedst resultat opnås om sommeren. Her er det den østvendte side, der bearbejdes. Vinden er i vest og det giver træbeskyttelsen læ for regn til tørring. Nedenfor, fraskåret træ, drivende vådt af regnen.

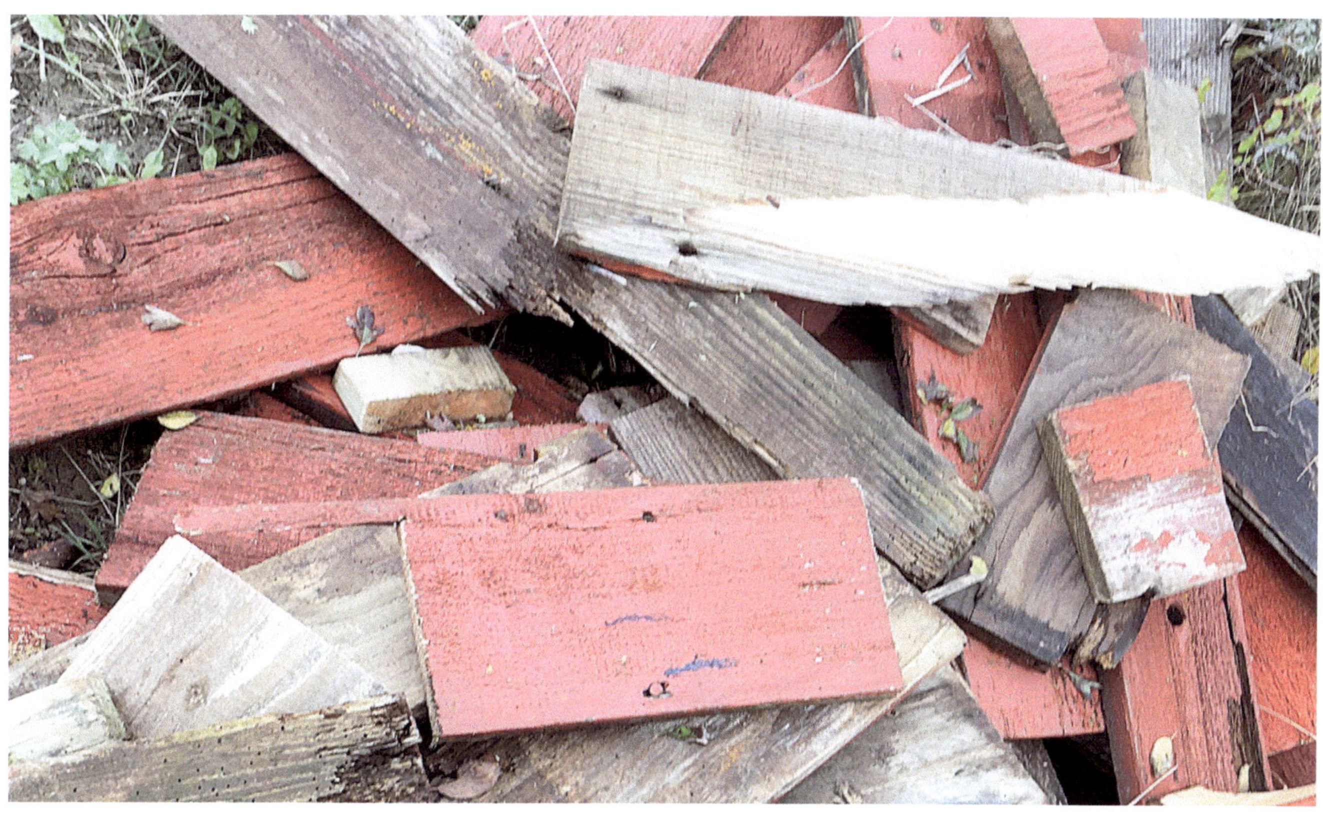

Isolerende plexiglas fra autoværksted

Almindeligvis får gængse sheltere lys fra et åbent frontparti. Vores shelter bliver udstyret med vinduer både på forside og bagside. At dette ambitiøse projekt i det hele taget kan gennemføres uden at at vælte vores budget - skyldes leverance af kasseret plexiglas fra et lokalt autoværksted. Der er endda så meget plexiglas, at der også i dørene kan isættes ruder.

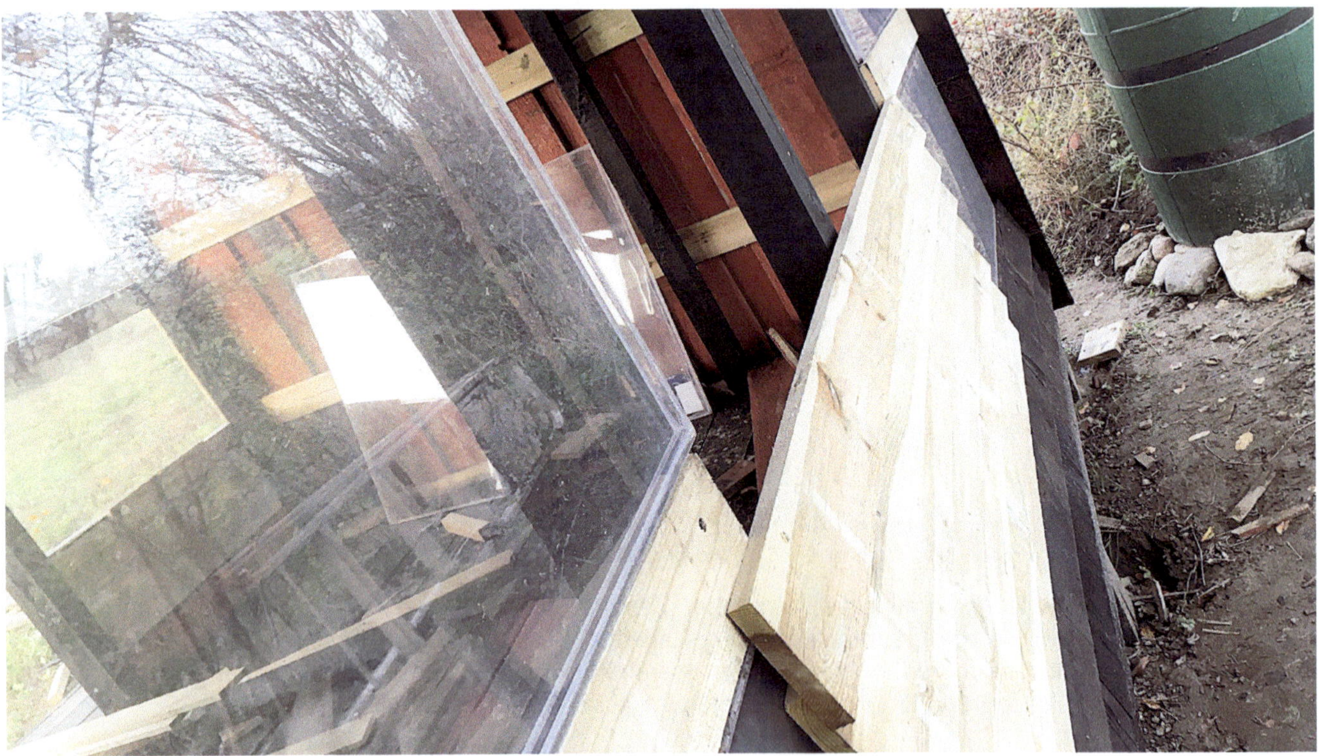

Det indleverede plexiglas er med dobbelt lag og har derfor ekstra isolerende effekt. Virkningen er mærkbar i takt med, at både yder- og indvendige vægge færdiggøres.

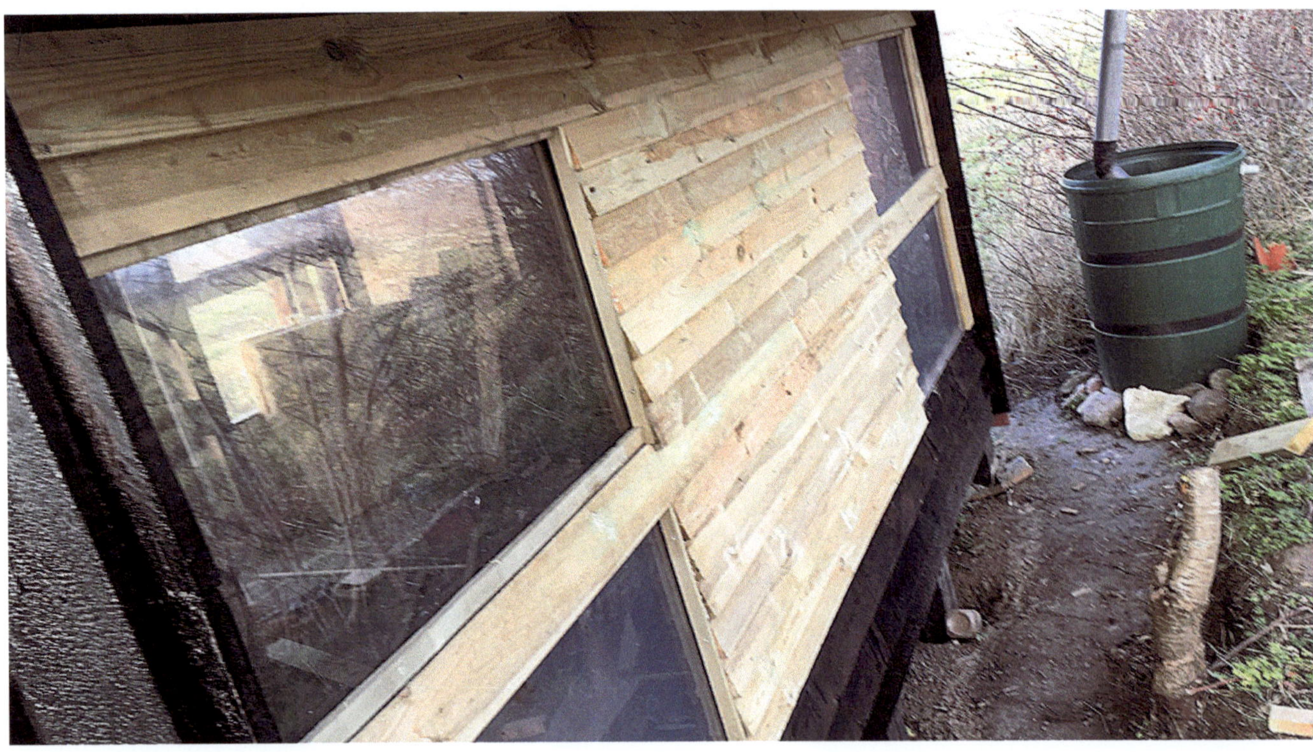

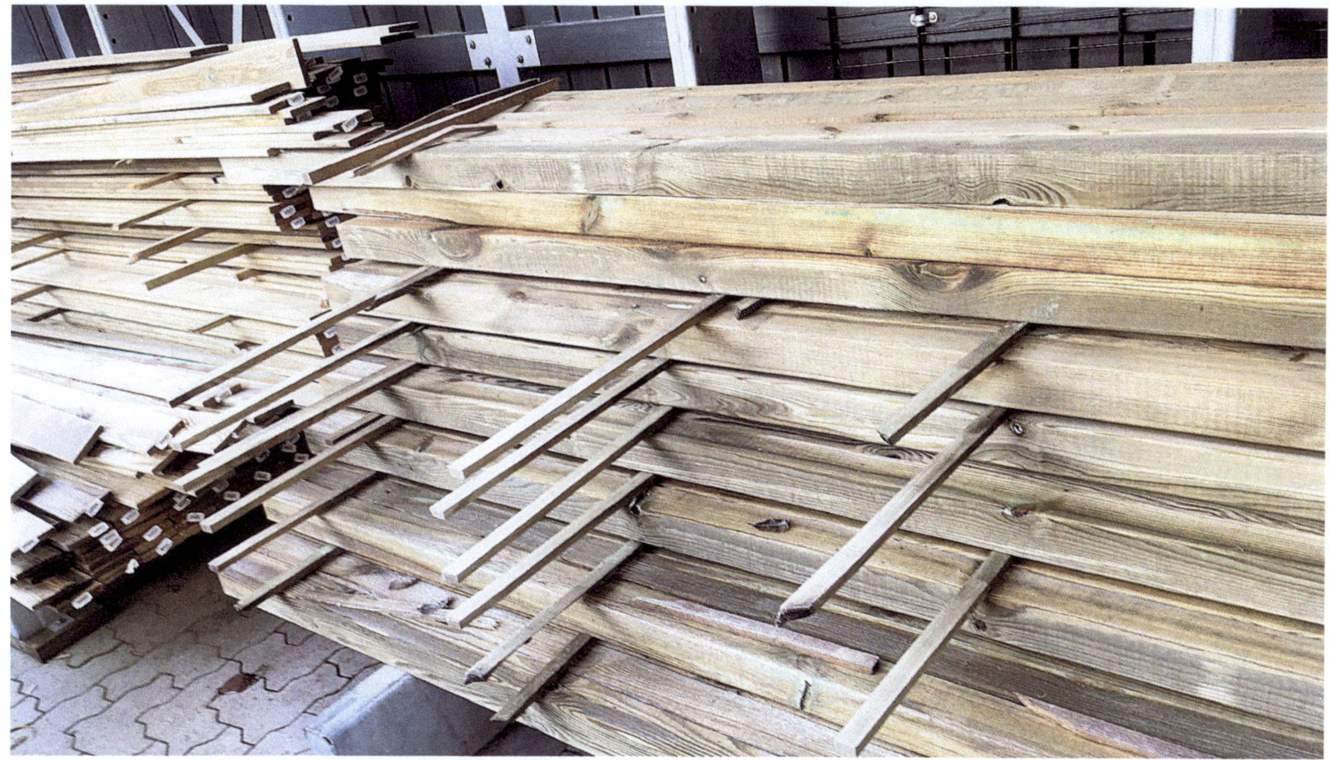

Listerne, der giver luft mellem de opstablede brædder og stolper på byggemarkeder, bliver hos Jem & Fix i Nykøbing F. lagt i en container sammen med andet kasseret træ. Kunderne kan forsyne sig fra denne container, og denne mulighed blev også benyttet til vores shelter. Især er listerne velegnet til at kante ruderne af med samt har de også vist sig nyttige til at dække af for sprækker i vægbeklædningen.

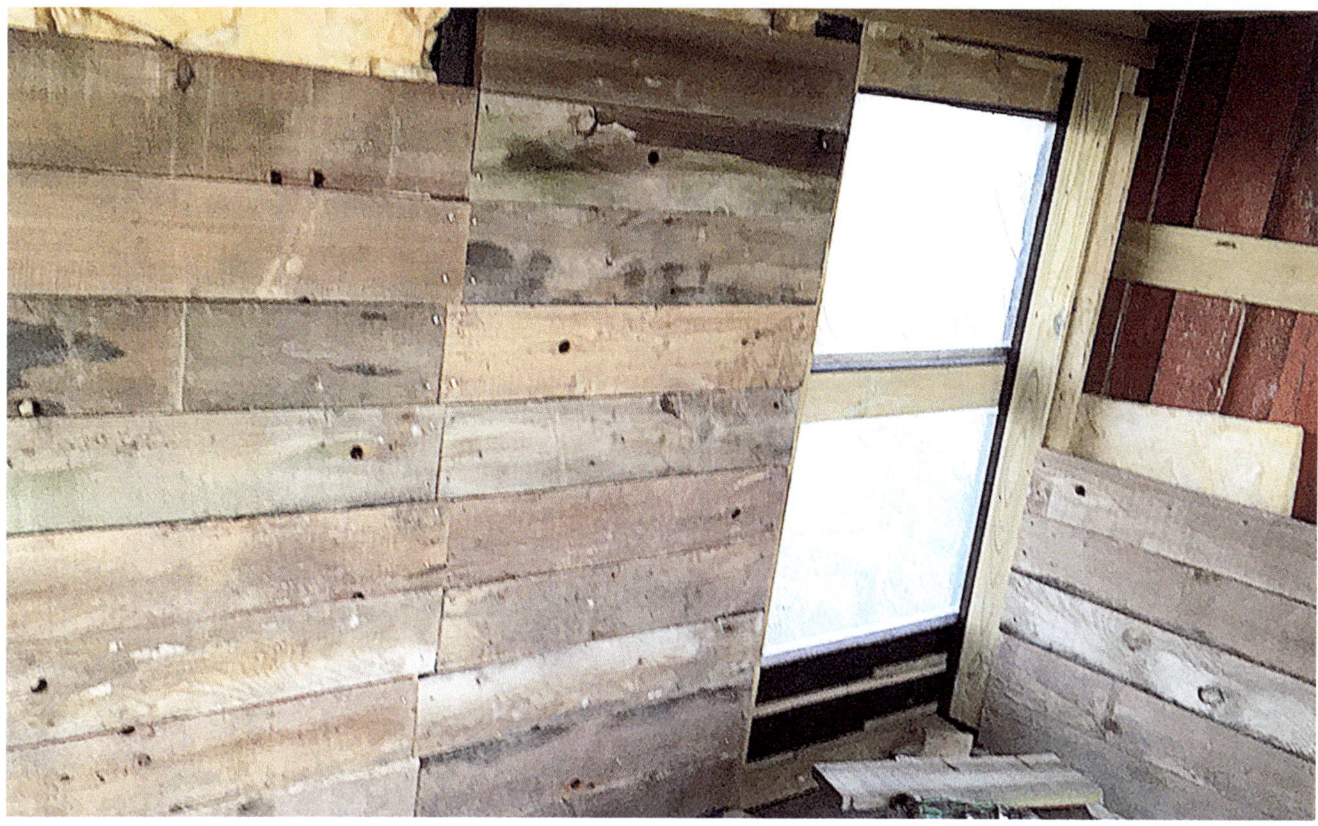

Huller, hvor knaster er faldet ud, dækkes indefra med bræddestumper. Egentlig havde planen været at isolere med tangbats, men prisen på disse er i år høj. I stedet anvendes ISOVER glasuld – dog ikke som genbrug.

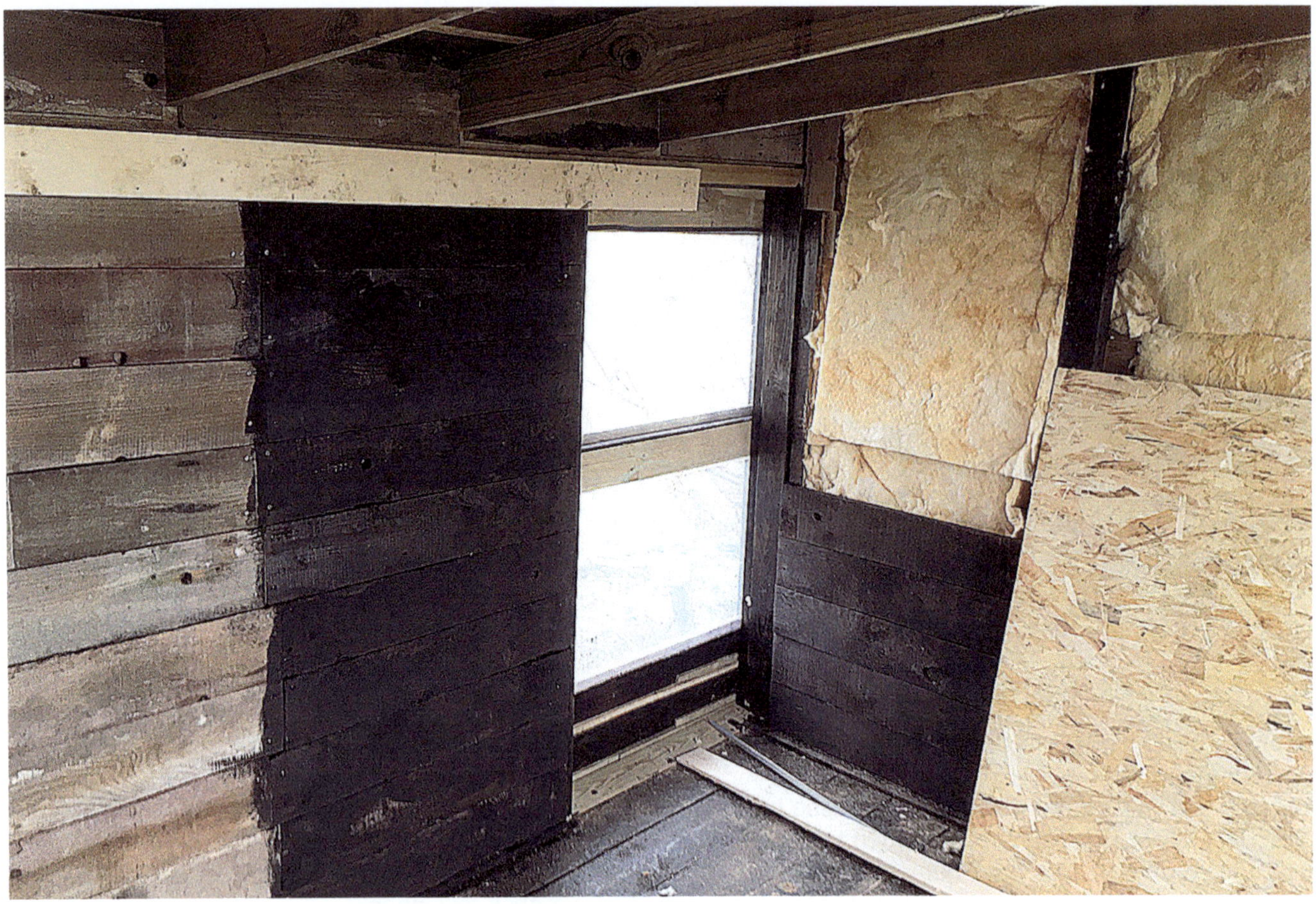

Beholdningen af kasserede "røde" brædder fra laden er ved at være opbrugt. Så sidevæggene suppleres med opsætning af OSB-plader. OSB er harpiks-baseret og fugt-resistent. Den rå bagside på de "røde" brædder har et fascinerende farvespil. Alligevel dækkes de med sort asfalt. Dette er for os den bedste metode til at bekæmpe borebiller. Asfalt fylder billernes exit-huller op og spærrer for ny æglægning. Herudover re-etablerer opfyldningen træets styrke mod slid og belastning.

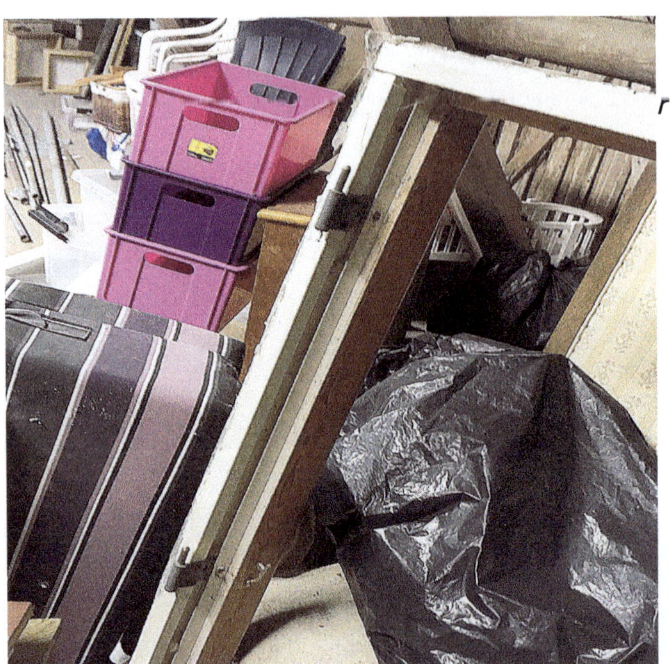

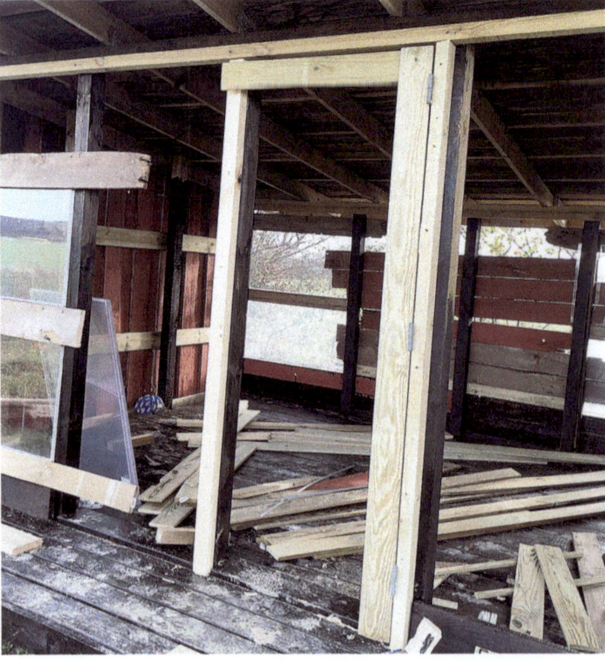

Hængslerne til døren er genbrug fra et reserve-vindue på vores staldloft. Hængslerne har båret en vægt, der stort set svarer til dørens.

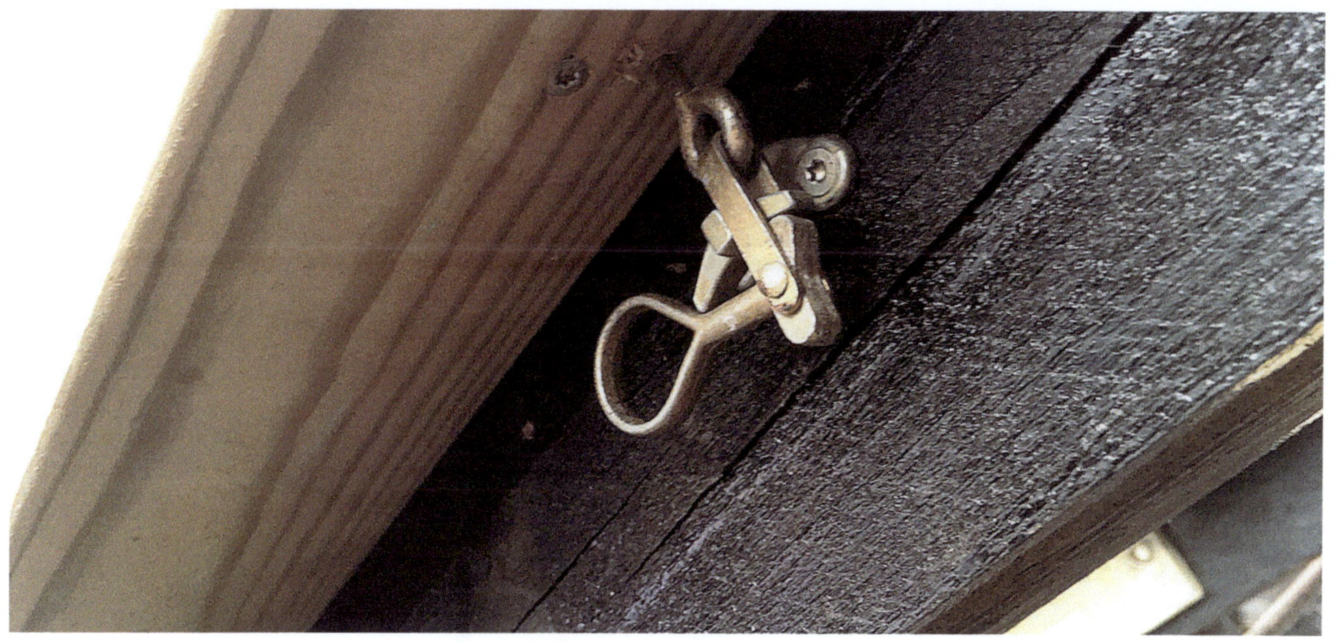

Anverfer fra vindue fungerer perfekt til at holde døren tæt ind til karmen.

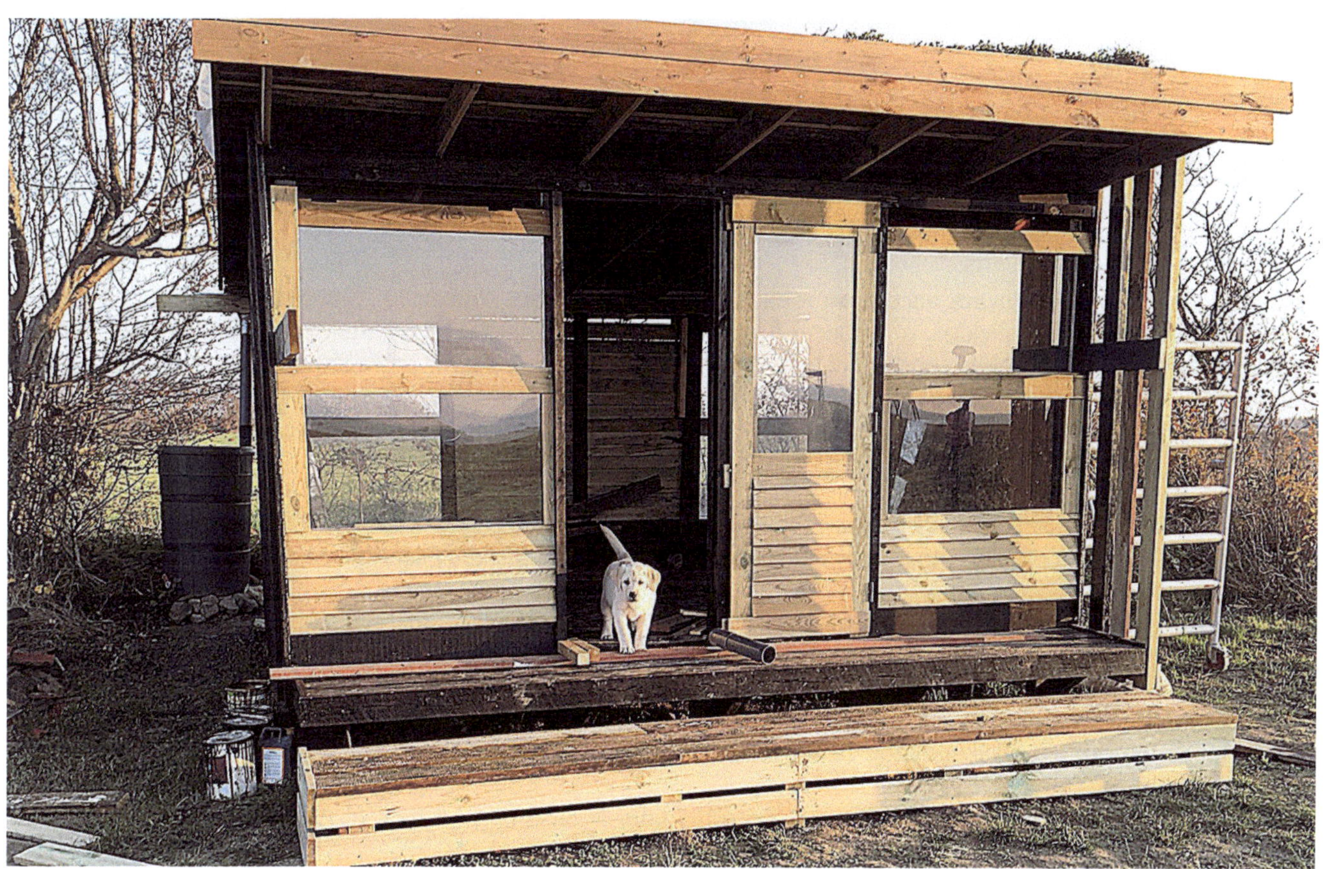

I slutningen af oktober flytter labrador-hvalpen Gaby ind på Korsagervej 14. Det fortsatte byggeri af shelter giver hende – med hvilepauser i boligen – en god start på det udendørsliv, som følger af at bo tæt ved havet.

4. november – nedtag af nacelle

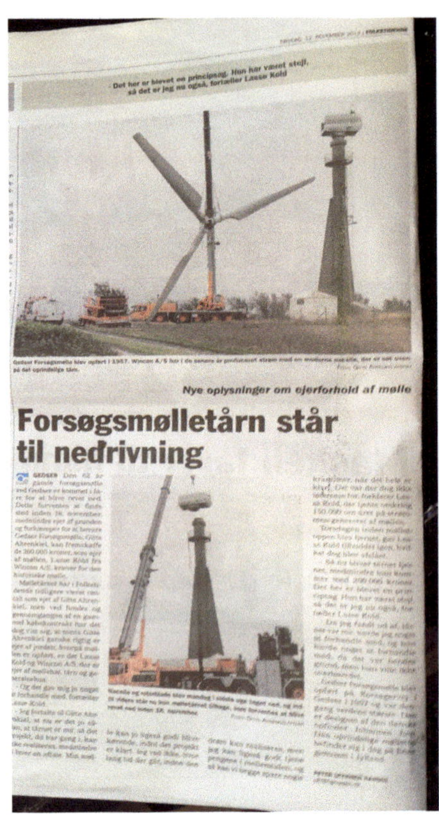

– Det her er blevet en principsag. Hun har været stejl, så det er jeg nu også, fortæller Lasse Kold

Gedser Forsøgsmølle blev opført i 1957. Wincon A/S har i de senere år produceret strøm med en moderne nacelle, der er sat ovenpå det oprindelige tårn.

Nye oplysninger om ejerforhold af mølle

Forsøgsmølletårn står til nedrivning

Folketidende,
12. november 2019

Ifølge indgået forlig skulle nyere nacelle og rotor have været nedtaget senest 30. september 2019. Årsagen til at nedtag ikke fandt sted, skyldes, at leaser "i hans gemmer" har fundet en købsaftale, der ud over nacelle og rotor giver ham ejerskab af tilhørende "udstyr", dvs. tårnet. Jordarealet, hvor mølletårnet står, tilhører dog vores ejendom.

Den hidtidige årlige leje for drift af nyere nacelle har således reelt været **en jordleje**.

Leaser foreslår, at han fortsætter drift, mens rekonstruktionsprojektet pågår. Hvis vi fastholder forliget om nedrivning af nyere nacelle og rotor, forlanger leaser 200.000 kr for tårnet. Ellers bliver det revet ned.

Kontakt med fredningsmyndigheder viser fortsat støtte til rekonstruktionsprojektet – også hvis dette indebærer rekonstruktion af Johannes Juuls originale mølletårn.

Derfor fastholdes forligsaftalen om nedrivning af nyere nacelle og rotor. Dette sker den 4. november – med efterfølgende avisomtale i Folketidende 12. november.

Da vi ikke selv kan betale de 200.000 kr – er det vores håb, at leaser ender med at respektere det historiske tårn og overdrager ejerskabet til rekonstruktionsprojektet.

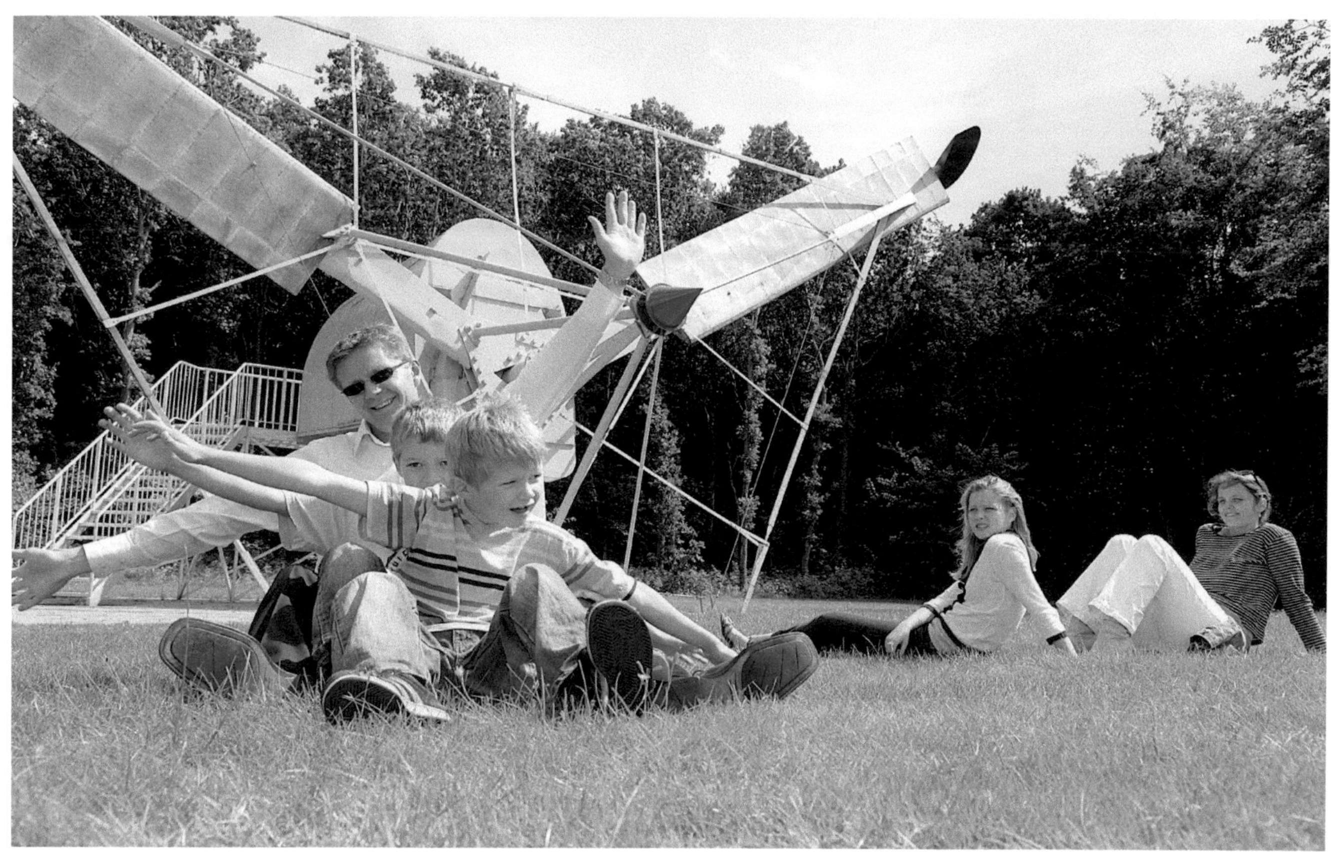

I 1993 blev Gedser Forsøgsmølles originale rotor og nacelle flyttet til Energimuseet i Jylland. Her blev to vinger renoveret og udstillet som en af museets populære attraktioner. Museets råder over Johannes Juuls samling af fotos, arbejdspapirer m.m. Foto: Energimuseet – http://energimuseet.dk/Energiemuseum-Startseite.aspx

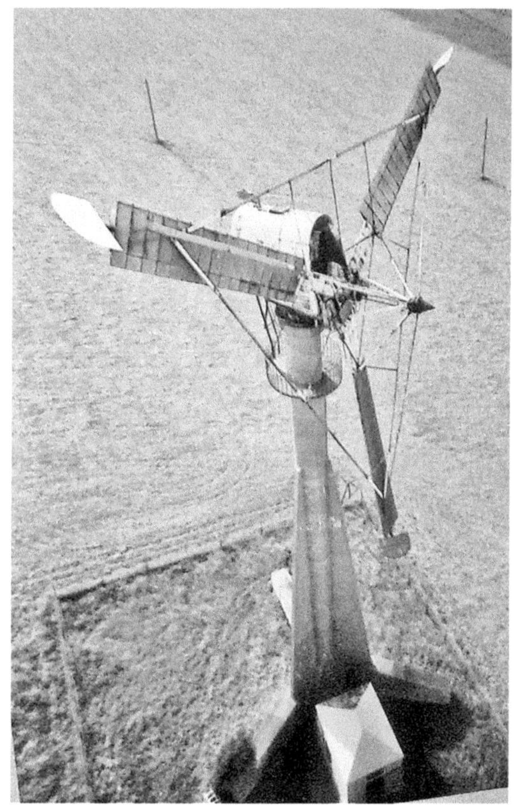

Vores påtænkte projekt "Rekonstruktion og drift af Gedser Forsøgsmølle" er koordineret med Energimuseet. Dvs. at udstillingen af den originale nacelle og de to vinger på museet opretholdes – hvorimod en replica bliver konstrueret og sat i drift på Johannes Juuls forsøgsområde i Gedser.

Replicaen adskiller sig på to punkter fra det originale koncept. Vingerne bliver produceret i glasfiber – og opfylder dermed Johannes Juuls ønske fra 1957. Et andet ønske fra 1957 var at installere et nyere og stærkere gear. Begge forslag fra Juul blev i 1957 nedstemt af bestyrelsen i SEAS. Budgettet var stramt. Museumsinspektør Jytte Thorndahl anbefaler inddragelse af teknisk ekspertise, men vurderer, at vinger i glasfiber er langt at foretrække frem for den originale kombination af stål, træ og aluminiumsplader med over 3000 skruer i hver vinge.
Hun mener også, at et nyere og stærkere gear kan installeres i nacellen – uden at det originale design synligt påvirkes.
Vinger i glasfiber – igen med teknisk ekspertise inde over - bliver konstrueret, så de i design minder mest muligt om de originale.
Indtjeningen fra den rekonstruerede Gedser Forsøgsmølle skal administreres af en Fond.

Privatfoto tilhørende ejendommen på Korsagervej 14. Foto er indsat i en collage og blev overdraget til os af tidligere ejer ved huskøbet 2014.

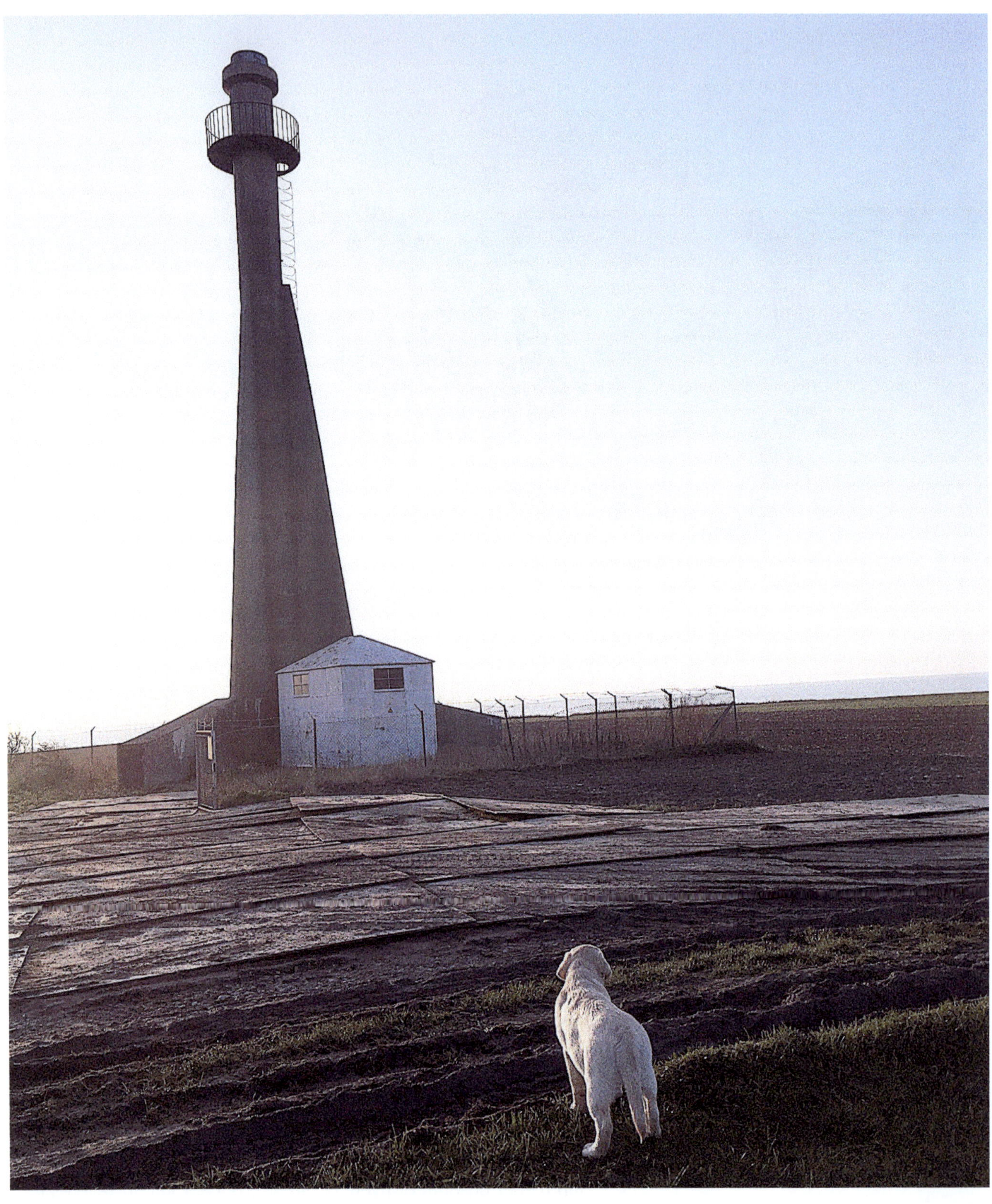

Uvist om tårnet rives ned.

7.-8. december – shelter indvies

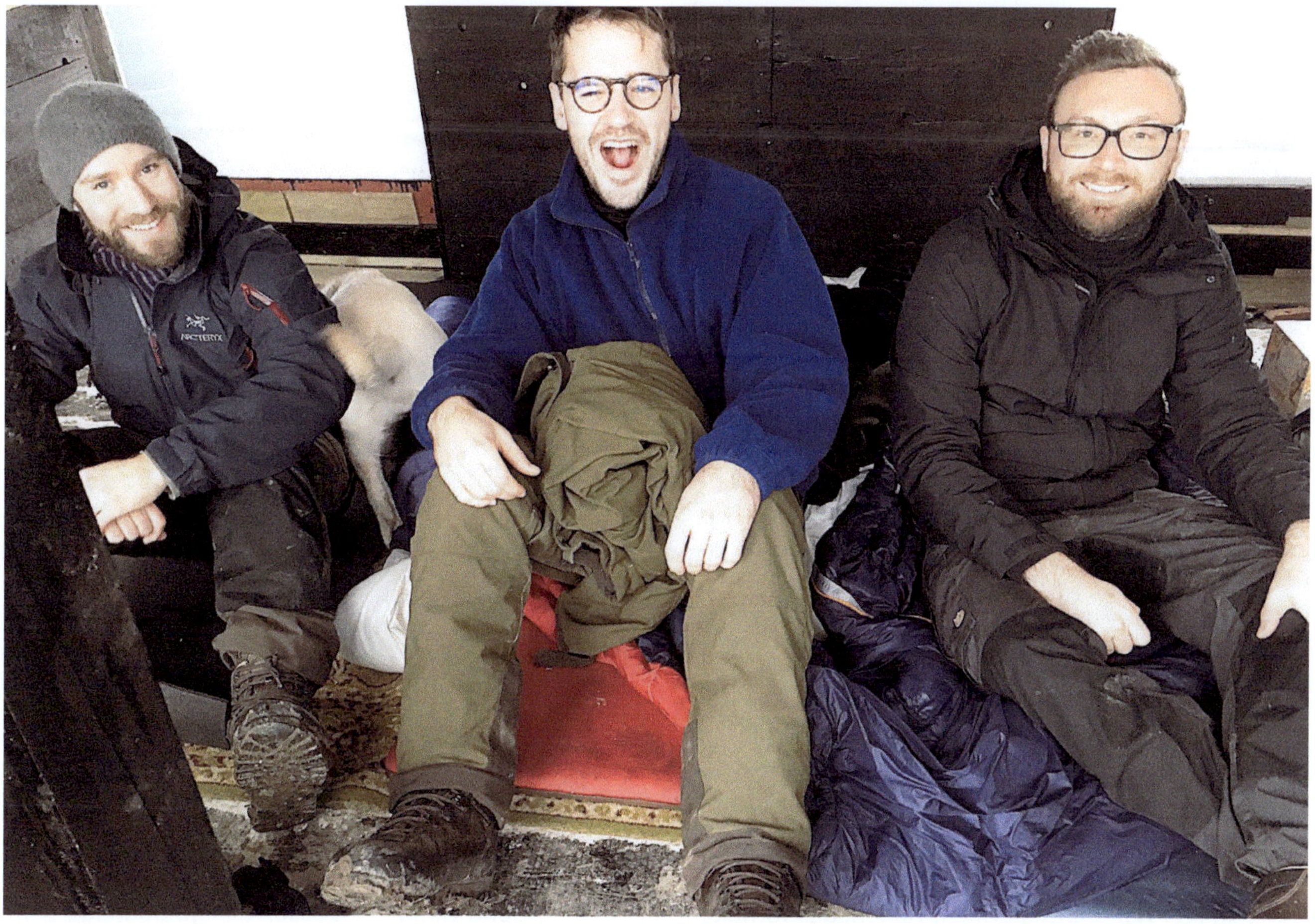

Sen lørdag eftermiddag 7. december ankommer Mark, Lennard og Philip fra København for at indvie shelter. Da der varsles stormende kuling til natten, får vi travlt med at blænde venstre døråbning af samt at montere indvendig og udvendig lås, der kan holde højre dør lukket i blæsten. Alt dette sker i lyset fra pandelygter. Efter en god middag, tilberedt af Mark, vin og øl ad libitum – føler drengene sig rustet til natten. Den bliver som varslet stormfuld – men både drenge og shelter klarer indvielsen i flot stil.

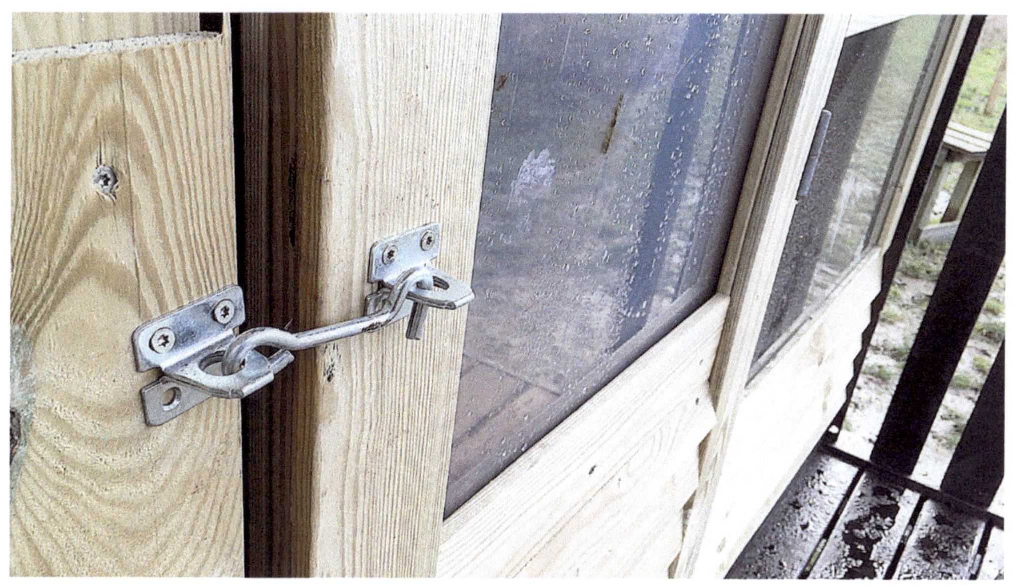

Efter stormen

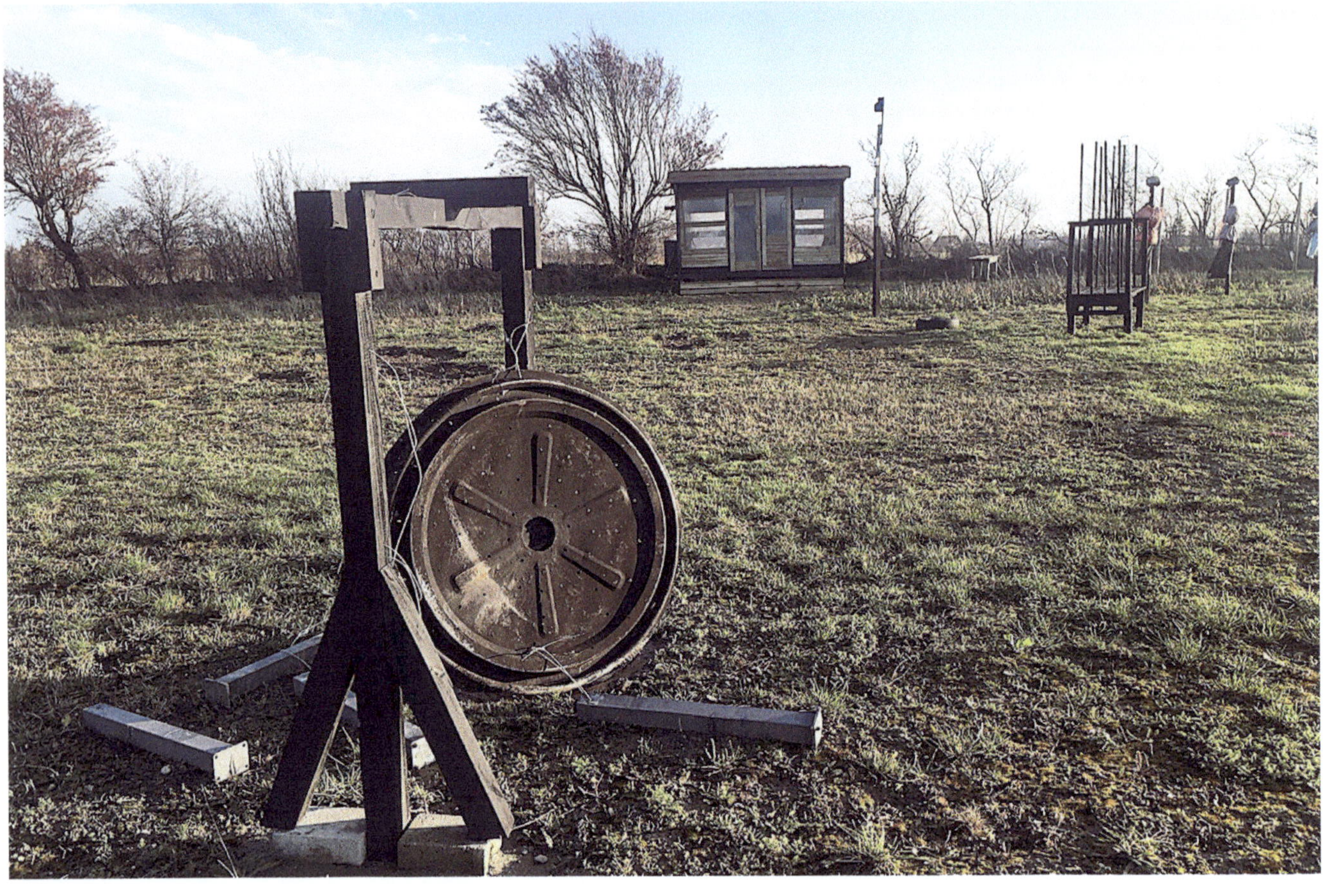

Vores shelter har klaret stormen. Anderledes forholder det sig med Gong Gongen i Gedser Ginkgo Soundgarden. Gong gong er sammensat af bunden fra en kompostbeholder samt får lyd, når den rammes af fire bordben i metal. Tidligere hang gong gong i pvc-coated stålwirer, der skulle kunne modstå belastning på op til 20 kg. Trods opbinding i flere, uafhængige stålwirer – knækker de alligevel under stormen. En efter en.
Så da lørdag den 21. december byder på stort set vindstille vejr (5 m/s) – skal en ny og anden ophængning af gong gong afprøves. Dvs. metalkæder boltet fast i den runde, solide metalbund.

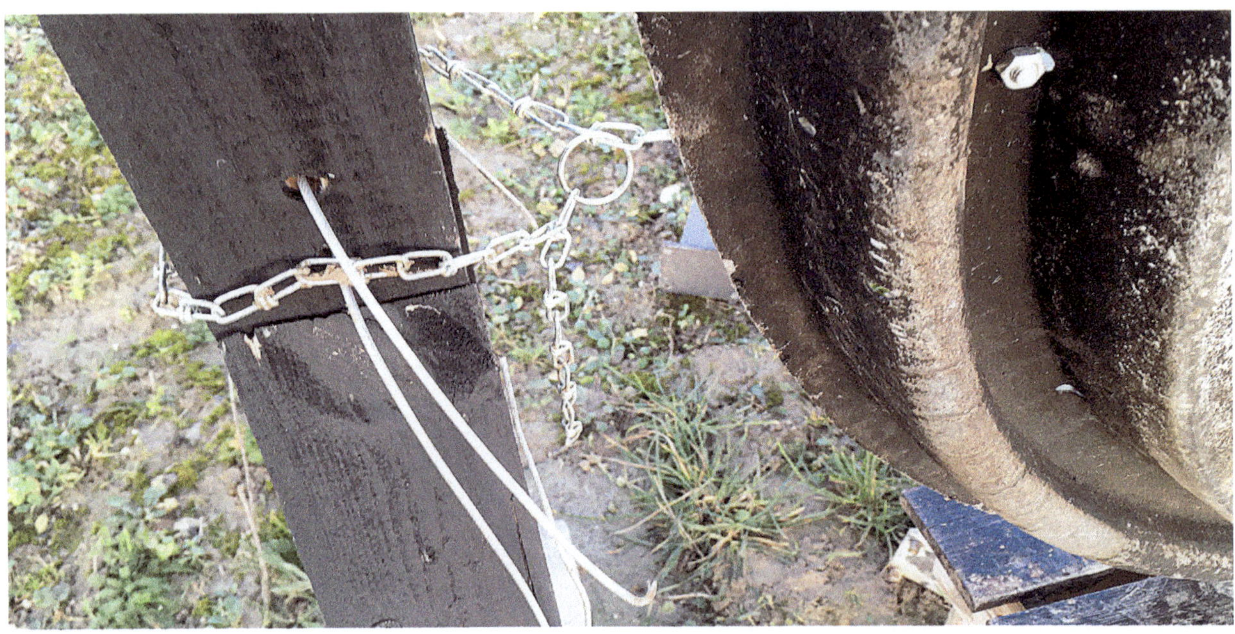

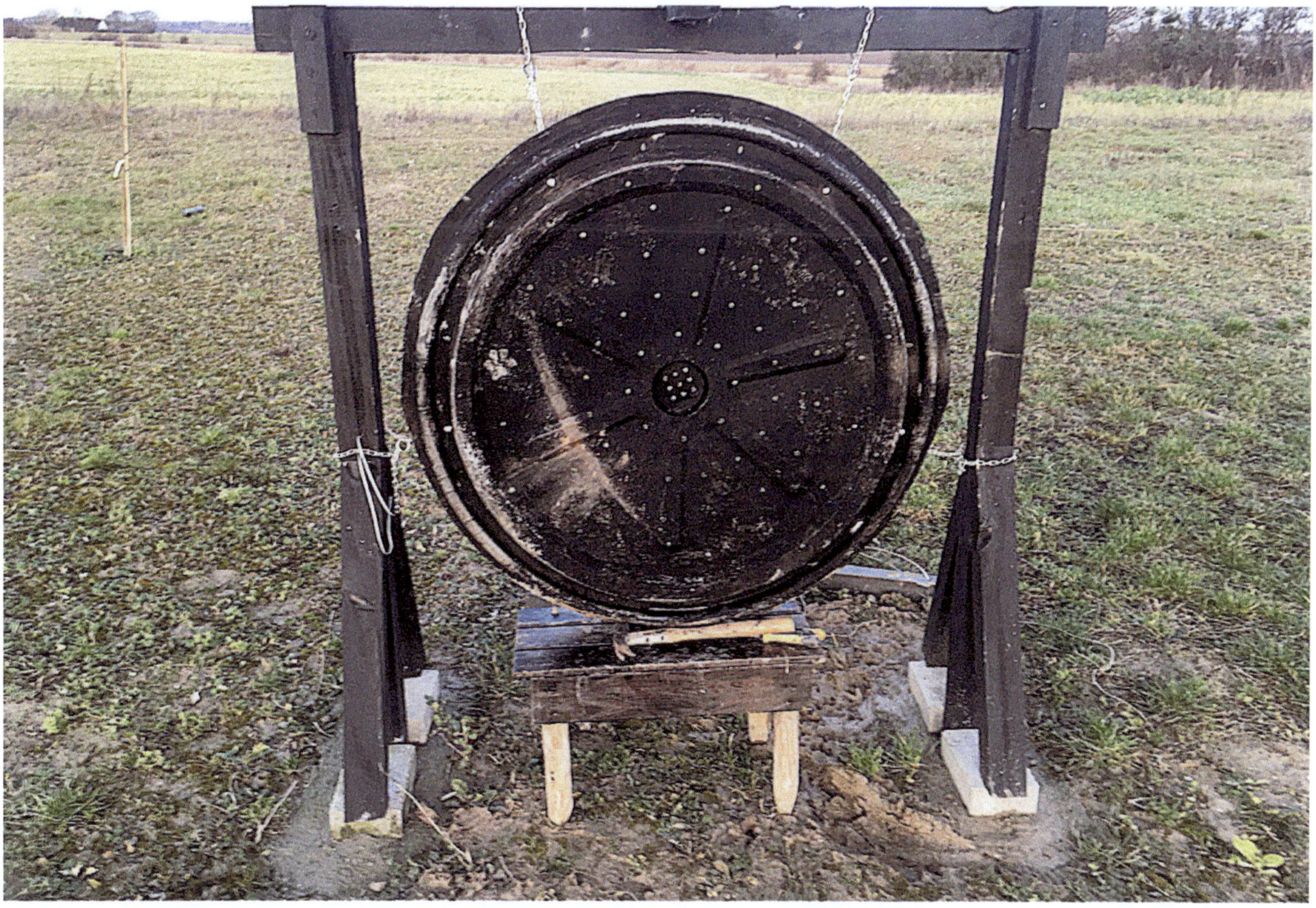

Støttet i rillen mellem to brædder på en hjemmelavet bænk bliver bunden af den kasserede kompostbeholder holdt i spænd, så det er lettere at montere metalkæder. Disse kan senere udskiftes med kraftigere kæder. Også her bruges bygningsasfalt, iblandet linolie, primært til rustbeskyttelse.

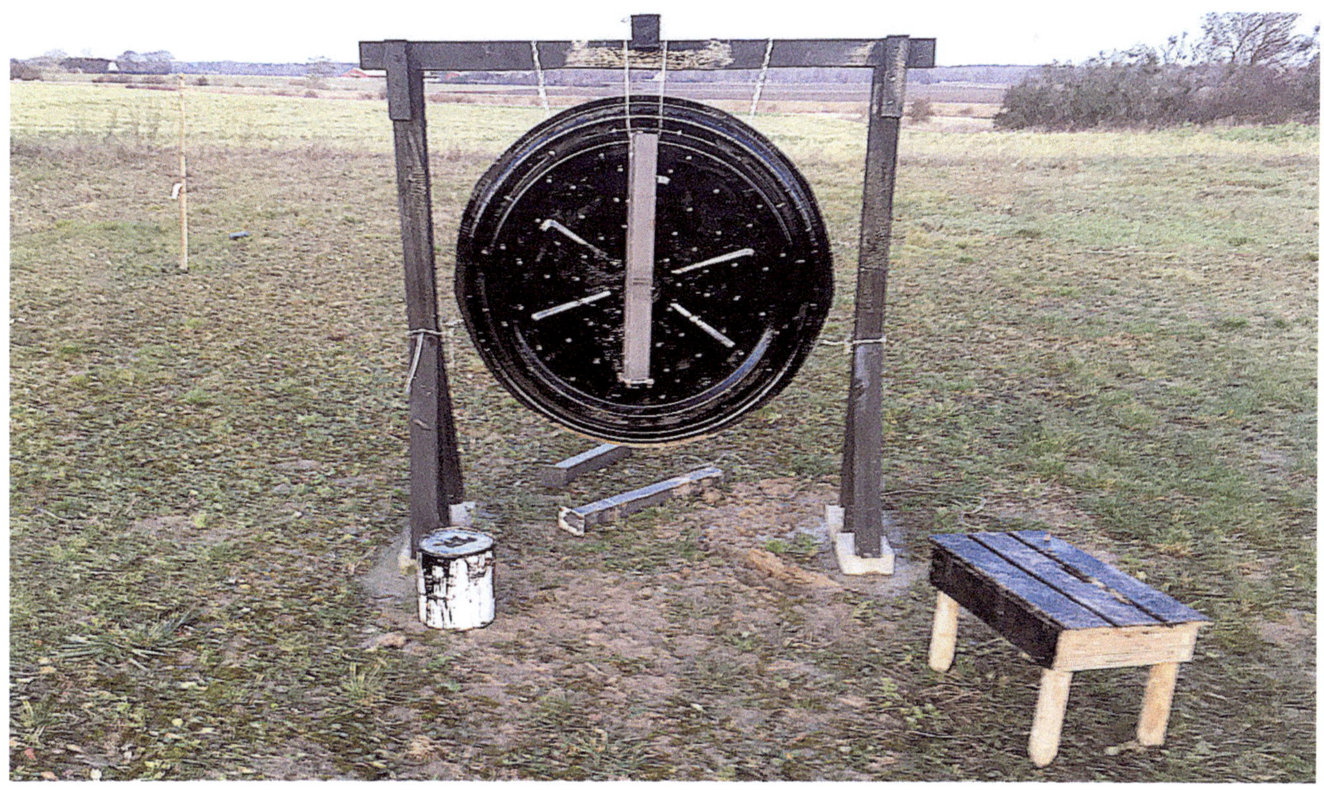

Hjemmelavet savbænk – nyttigt arbejdsredskab

Egentlig er den konstrueret som lugebænk og anvendes stadig til dette formål. Men under byggeriet af shelter viser den sig at være et særdeles nyttigt arbejdsredskab. Den er stabil at stå på, da ydervæggene bliver monteret og senere malet. Og den er fortræffelig som savbænk.

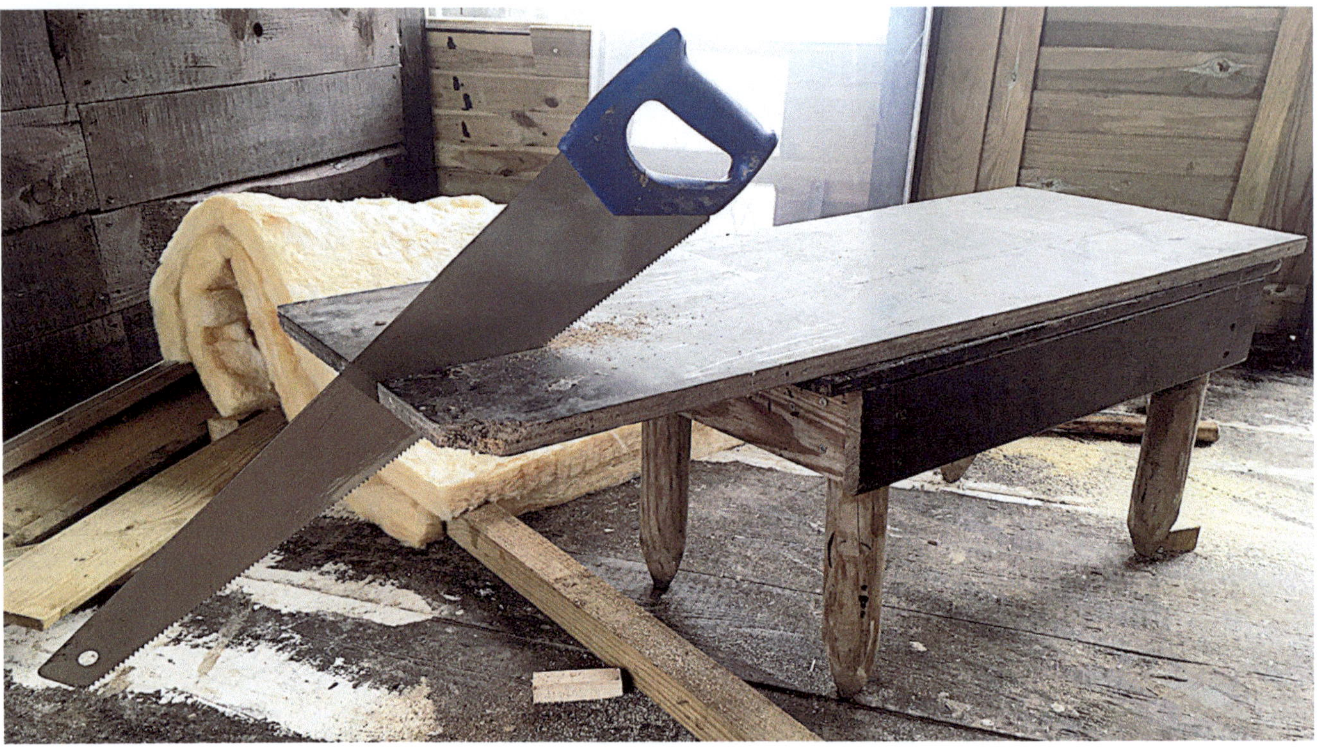

Her anvendt til opskæring af kasseret plade til vindueskarme. Pladen ligger stabilt, uden risiko for at knække, når savklingen bevæger sig op og ned i det synlige, lysende mellemrum mellem bænkens brædder.

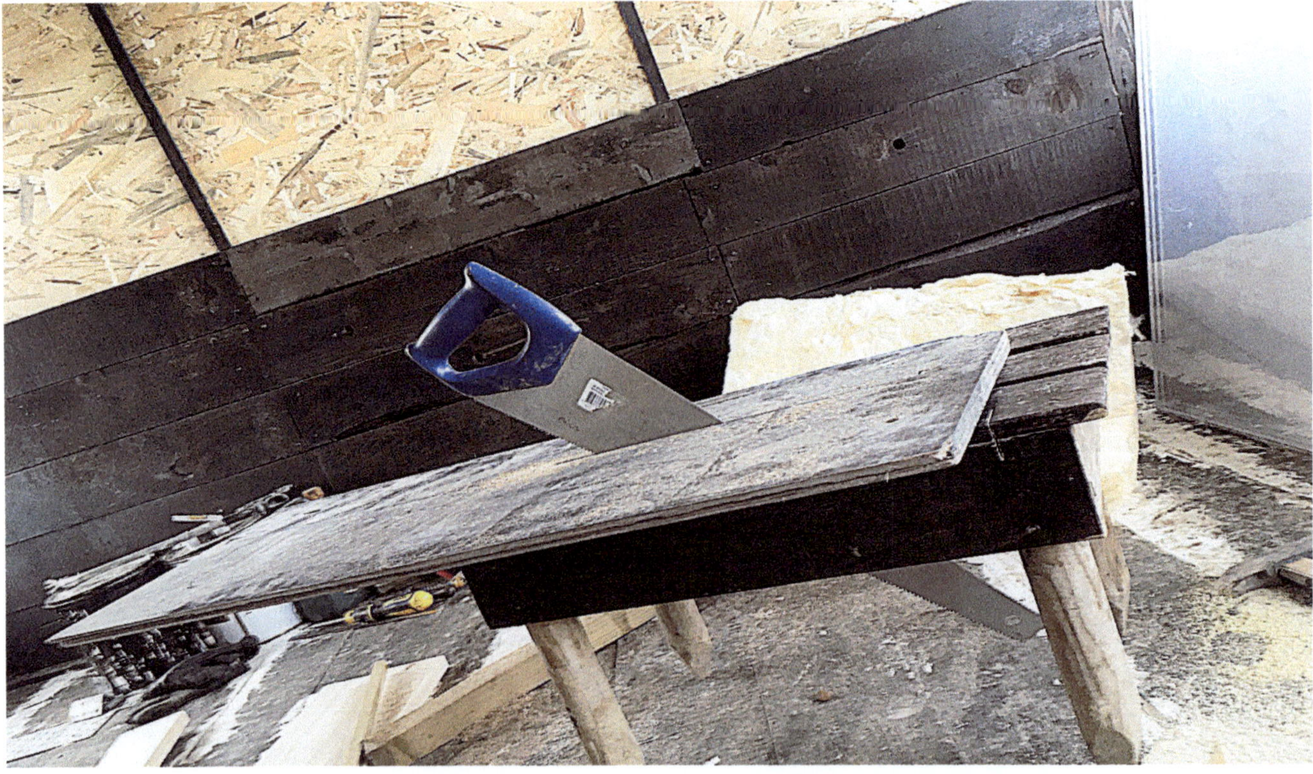

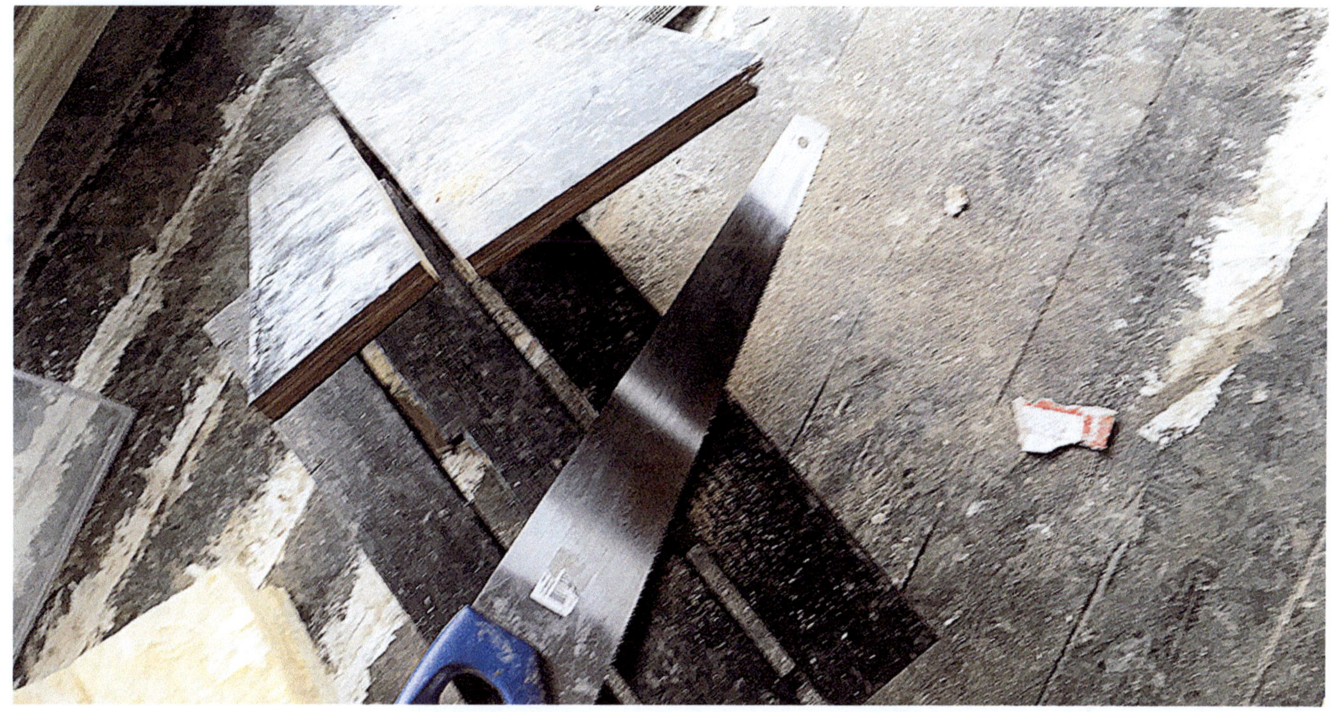

På foto nedenfor er den opsplittede plade placeret som vindueskarm på en isoleret opsats.

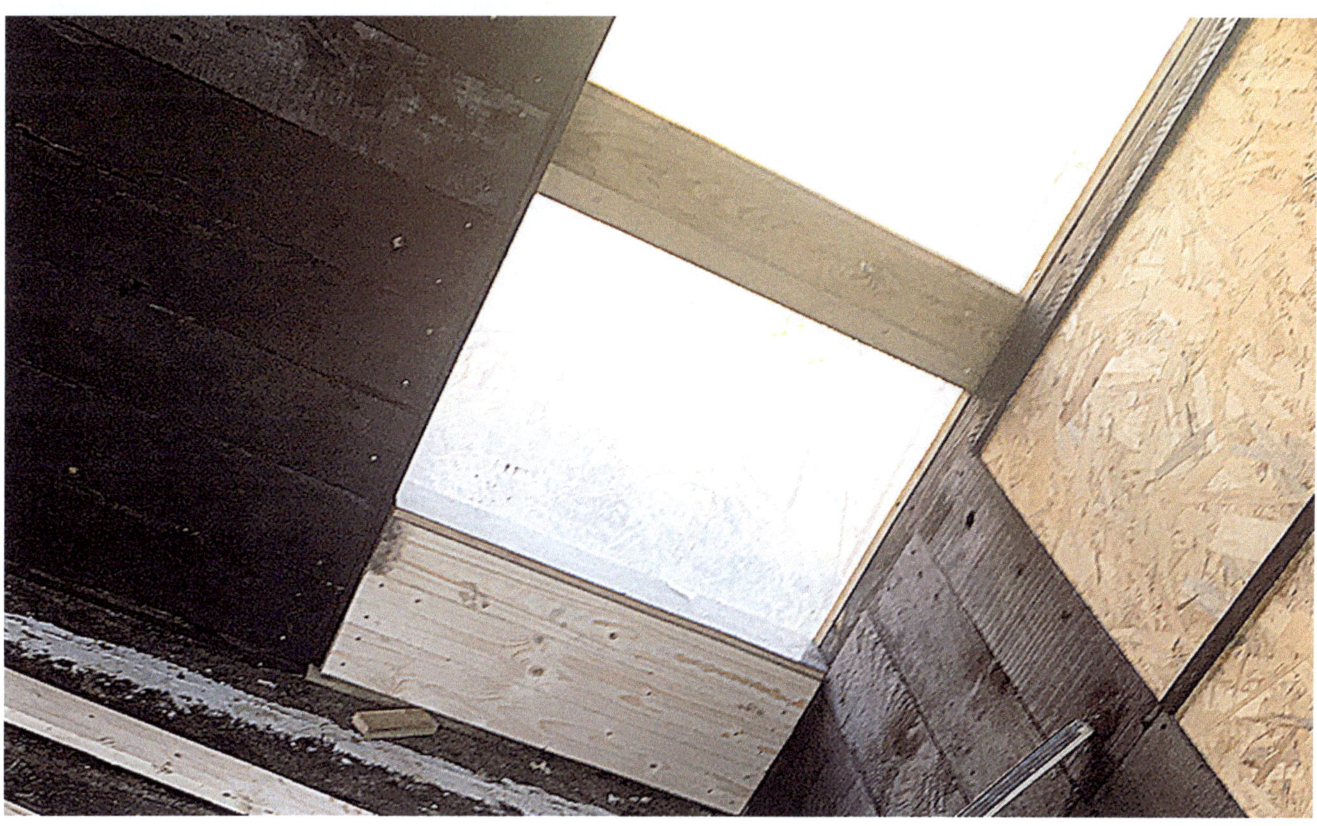

Tæppe af opskyllet tang

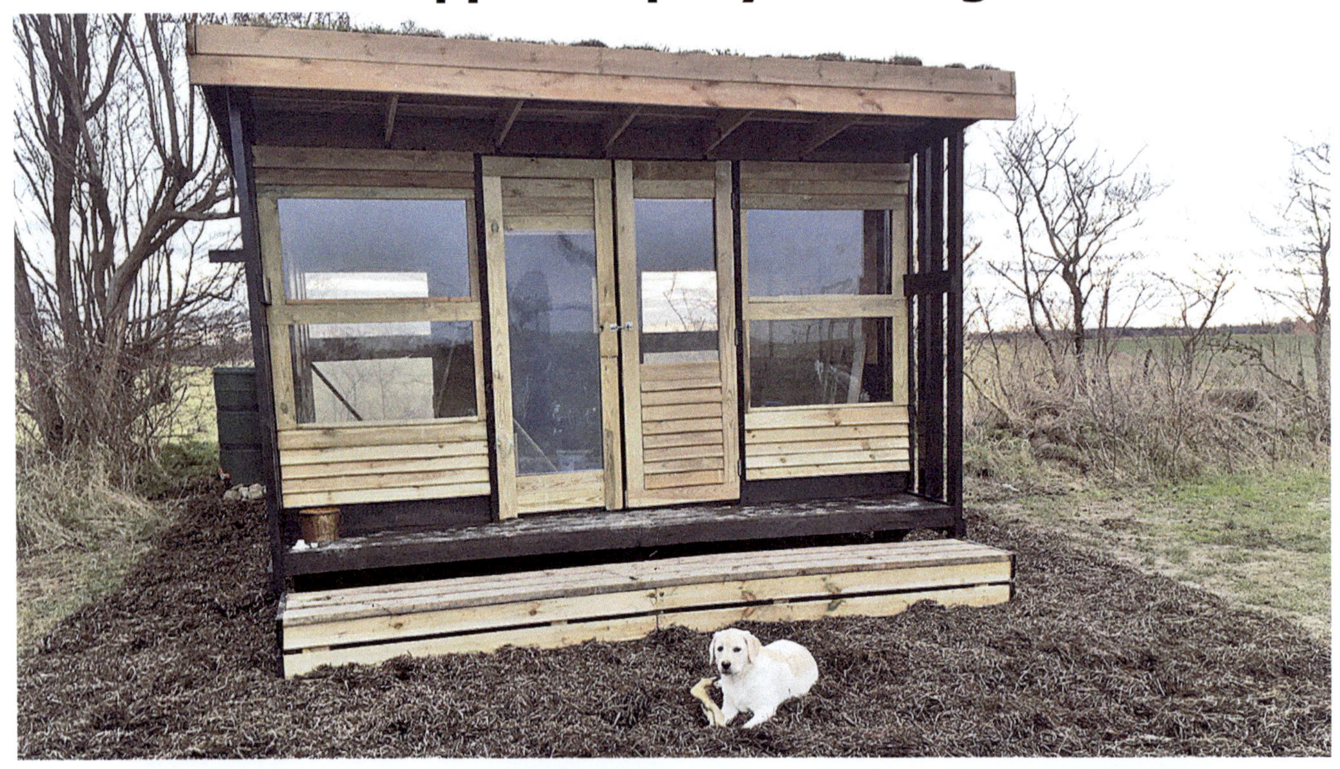

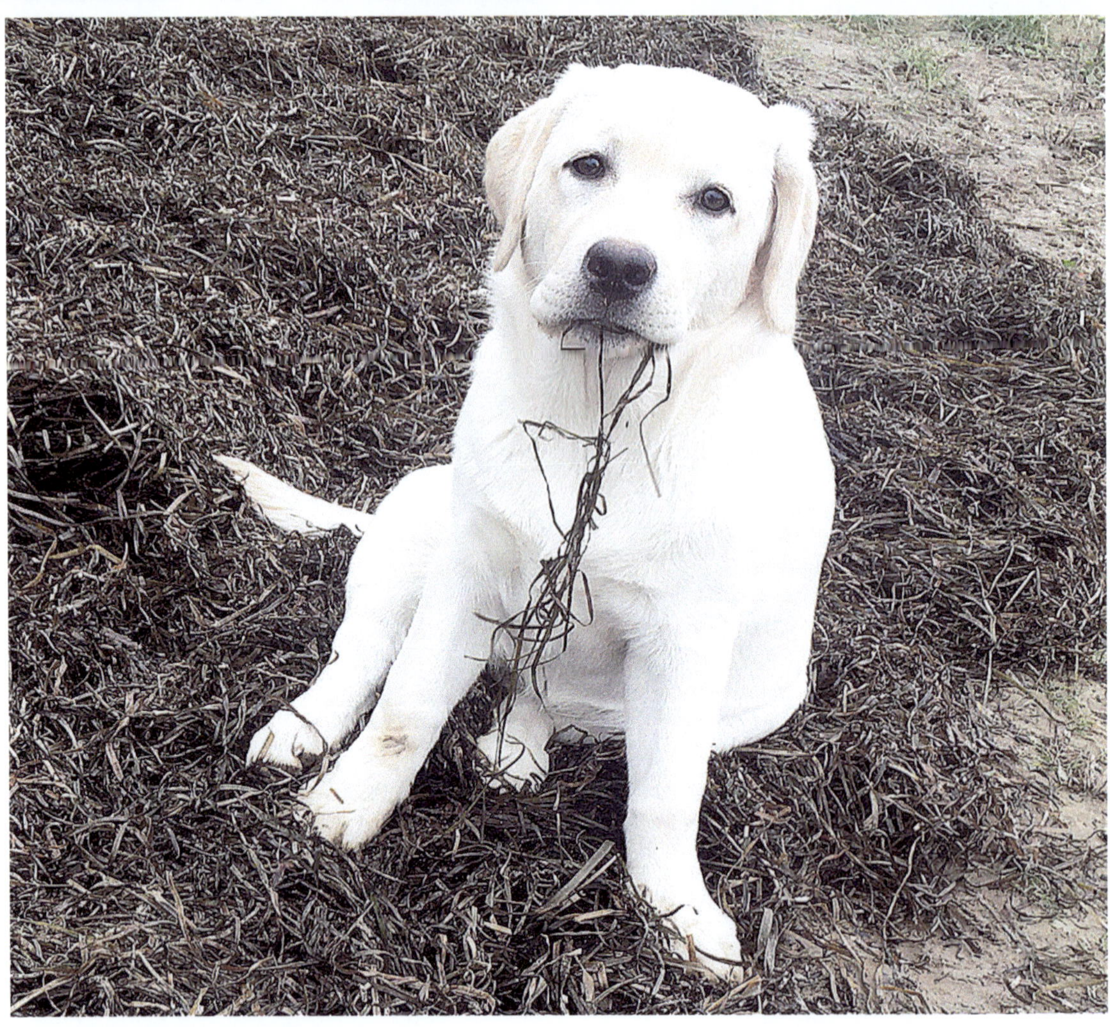

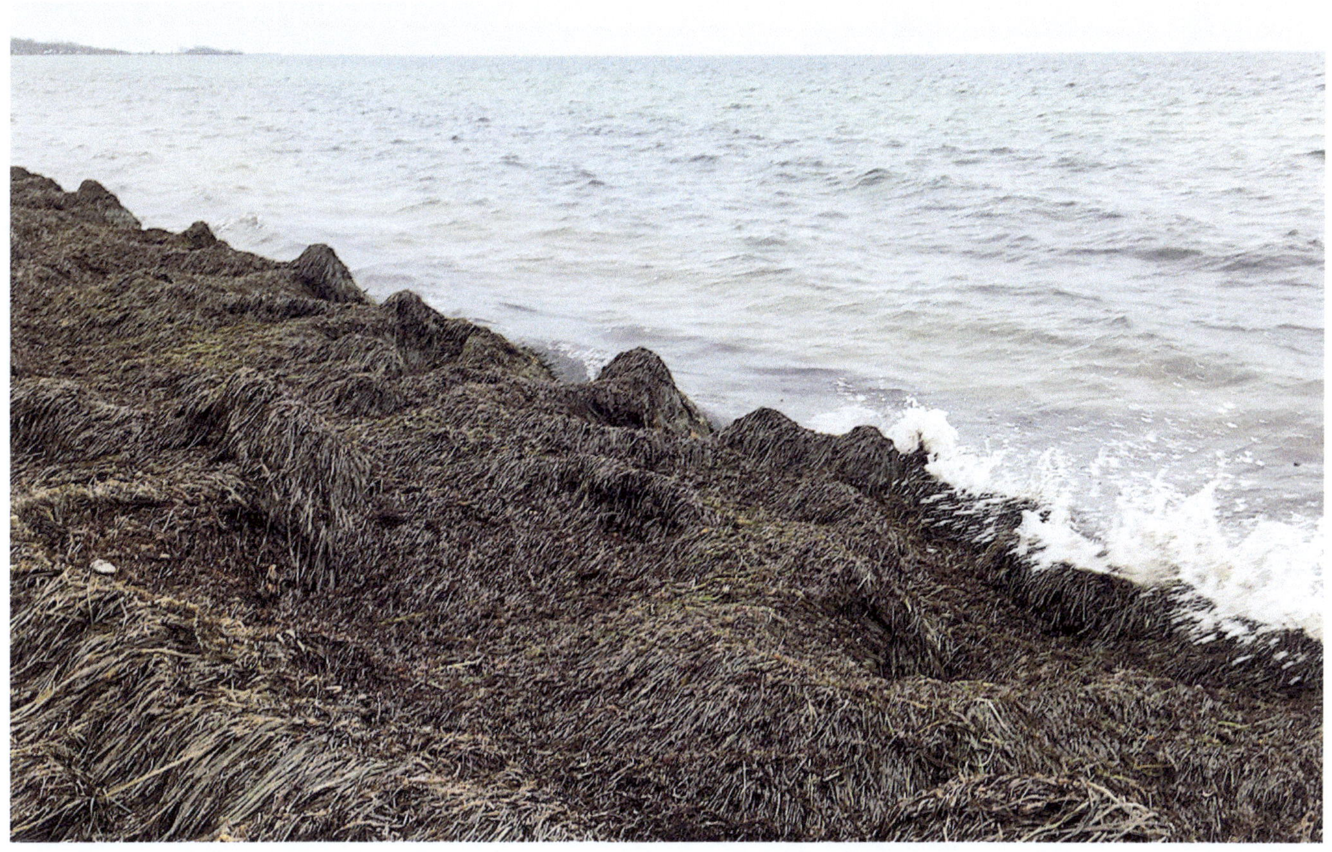

På stranden nedenfor møllen er store mængder tang skyllet op. Og det skal udnyttes, mens tid er. Vinden kan vende og havet tage tilbage, hvad det så gavmildt har givet. Derfor fyldes trillebøren og de mange kørsler 27.-28. december lægger græsset ned til en farbar sti. Alligevel forbliver højdedraget op til møllen det samme.

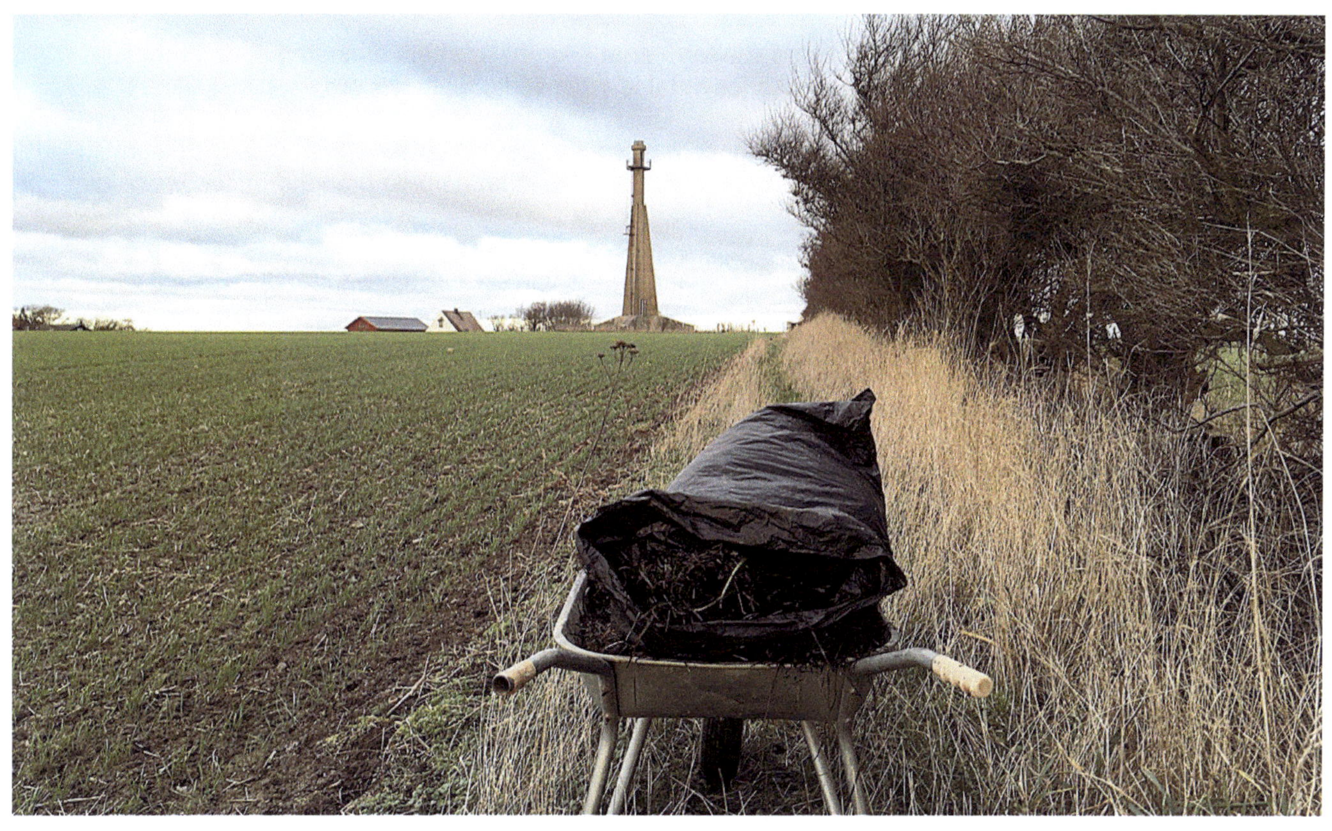

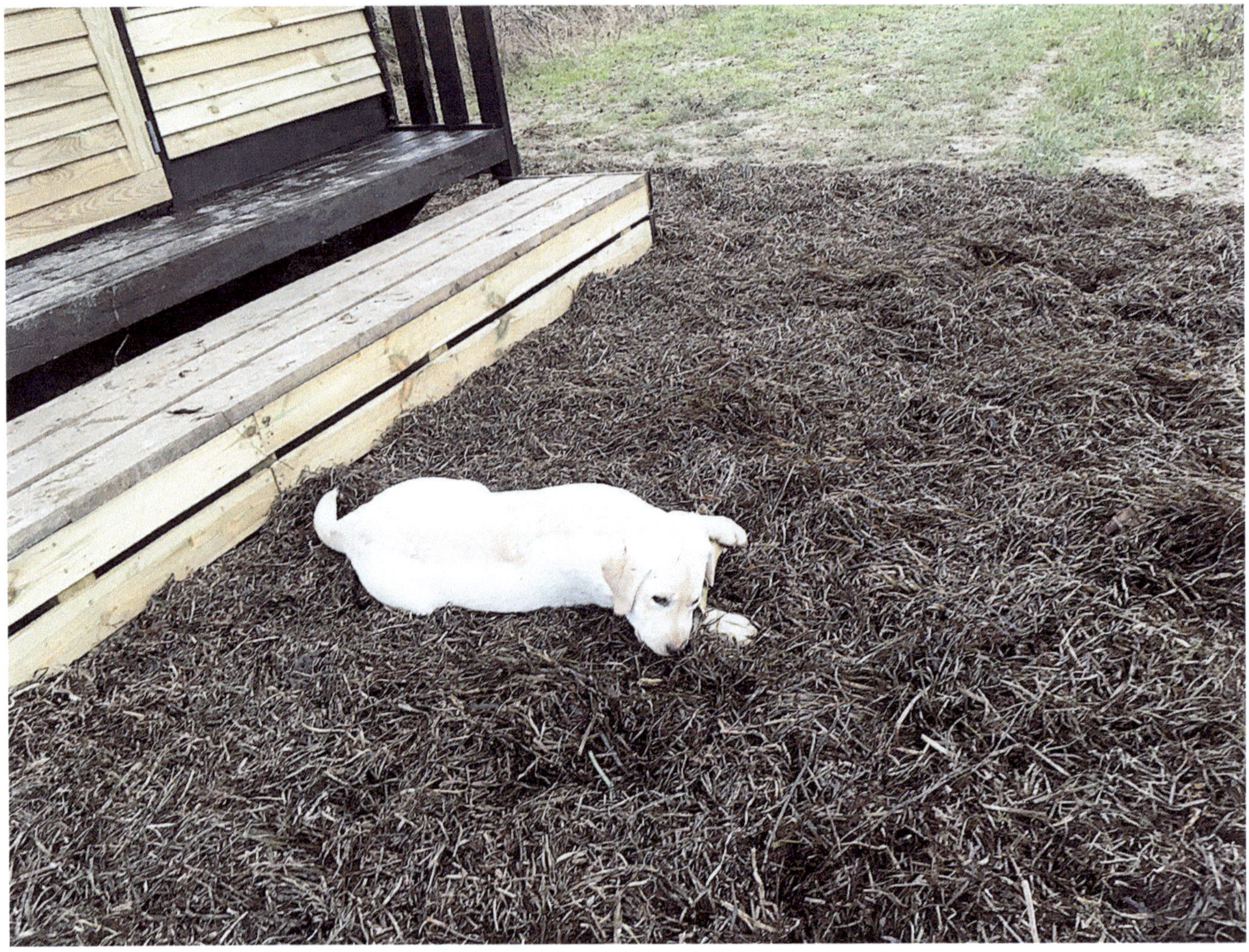

Hovedformålet med udlægning af tang omkring shelter – er at sikre overnattende gæster, at de i regnvejrs-perioder kan færdes rimeligt tørskoet uden risiko for at falde i den våde, glatte lerjord.

Der er imidlertid andre vigtige fordele ved det tang, som er udlagt. Det består for størstedelen af ålegræs. Ifølge diverse hjemmesider indeholder ålegræs mineraler, der virker som naturlig brandhæmmer. Væsentligt når vi planlægger en bålplads i tilknytning til shelter.
Desuden er ålegræs rådresistent med heraf lang holdbarhed.
Læsøs berømte "tanghuse" med metertykke tangtage af ålegræs vurderes at have en holdbarhed på over hundrede år.

Så hvis hvidkløveren ikke trives på taget af vores shelter – kan ålegræs være et alternativ. Hvis vel at mærke, at havet igen viser sig fra sin gavmilde side.

Under opsamling af ålegræsset, fulgte sand og småsten også med. Det skulle give tæppet af tang en tyngde, så det ikke blæser væk. Ydermere vil udvaskning af havvandets salt bremse fremvækst af ukrudt – i hvert fald for en sæson.

Gaby har rundet de fire måneder og har endnu ikke skiftet tænder. Det giver ømme gummer og gør hende til et energibundt - stort set umulig at indfange på foto. Men tæppet af tang byder også for Gaby på unikke og tilsyneladende afslappende oplevelser. Ålegræsset kan spises og det lugter specielt at ligge på – og således kom der alligevel close-ups af Gaby i bogen.

31. december 2019 - avisomtale

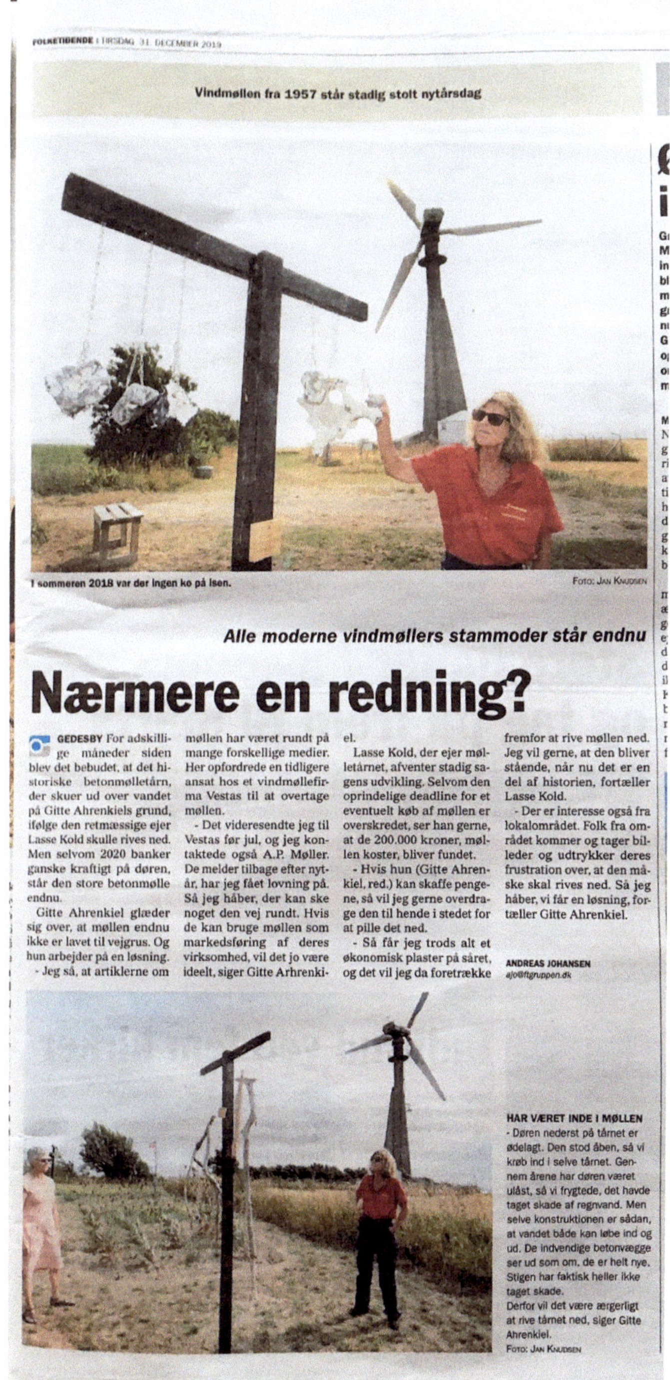

FOLKETIDENDE | TIRSDAG 31. DECEMBER 2019

Vindmøllen fra 1957 står stadig stolt nytårsdag

I sommeren 2018 var der ingen ko på isen. FOTO: JAN KNUDSEN

Alle moderne vindmøllers stammoder står endnu

Nærmere en redning?

GEDESBY For adskillige måneder siden blev det bebudet, at det historiske betonmølletårn, der skuer ud over vandet på Gitte Ahrenkiels grund, ifølge den retmæssige ejer Lasse Kold skulle rives ned. Men selvom 2020 banker ganske kraftigt på døren, står den store betonmølle endnu.

Gitte Ahrenkiel glæder sig over, at møllen endnu ikke er lavet til vejgrus. Og hun arbejder på en løsning.

- Jeg så, at artiklerne om møllen har været rundt på mange forskellige medier. Her opfordrede en tidligere ansat hos et vindmøllefirma Vestas til at overtage møllen.

- Det videresendte jeg til Vestas før jul, og jeg kontaktede også A.P. Møller. De melder tilbage efter nytår, har jeg fået lovning på. Så jeg håber, der kan ske noget den vej rundt. Hvis de kan bruge møllen som markedsføring af deres virksomhed, vil det jo være ideelt, siger Gitte Arhrenkiel.

Lasse Kold, der ejer mølletårnet, afventer stadig sagens udvikling. Selvom den oprindelige deadline for et eventuelt køb af møllen er overskredet, ser han gerne, at de 200.000 kroner, møllen koster, bliver fundet.

- Hvis hun (Gitte Ahrenkiel, red.) kan skaffe pengene, så vil jeg gerne overdrage den til hende i stedet for at pille det ned.

- Så får jeg trods alt et økonomisk plaster på såret, og det vil jeg da foretrække fremfor at rive møllen ned. Jeg vil gerne, at den bliver stående, når nu det er en del af historien, fortæller Lasse Kold.

- Der er interesse også fra lokalområdet. Folk fra området kommer og tager billeder og udtrykker deres frustration over, at den måske skal rives ned. Så jeg håber, vi får en løsning, fortæller Gitte Ahrenkiel.

ANDREAS JOHANSEN
ajo@ftgruppen.dk

HAR VÆRET INDE I MØLLEN
- Døren nederst på tårnet er ødelagt. Den stod åben, så vi krøb ind i selve tårnet. Gennem årene har døren været ulåst, så vi frygtede, det havde taget skade af regnvand. Men selve konstruktionen er sådan, at vandet både kan løbe ind og ud. De indvendige betonvægge ser ud som om, de er helt nye. Stigen har faktisk heller ikke taget skade.
Derfor vil det være ærgerligt at rive tårnet ned, siger Gitte Ahrenkiel.
FOTO: JAN KNUDSEN

Folketidende
31. december 2019

Leaser fastholder fortsat krav om betaling af 200.000 kr for, at tårnet ikke ødelægges.
I artiklen oplyses det, at vi på baggrund af et læserindlæg har kontaktet hhv. Vestas og AP Møller Holding med forslag om, at de betaler det krævede beløb på 200.000 kr og dermed overtager ejerskabet af tårnet i forbindelse med rekonstruktionsprojektet. Begge foretagender har lovet at vende tilbage med en melding.

Klar til opsætning af brikse og bord

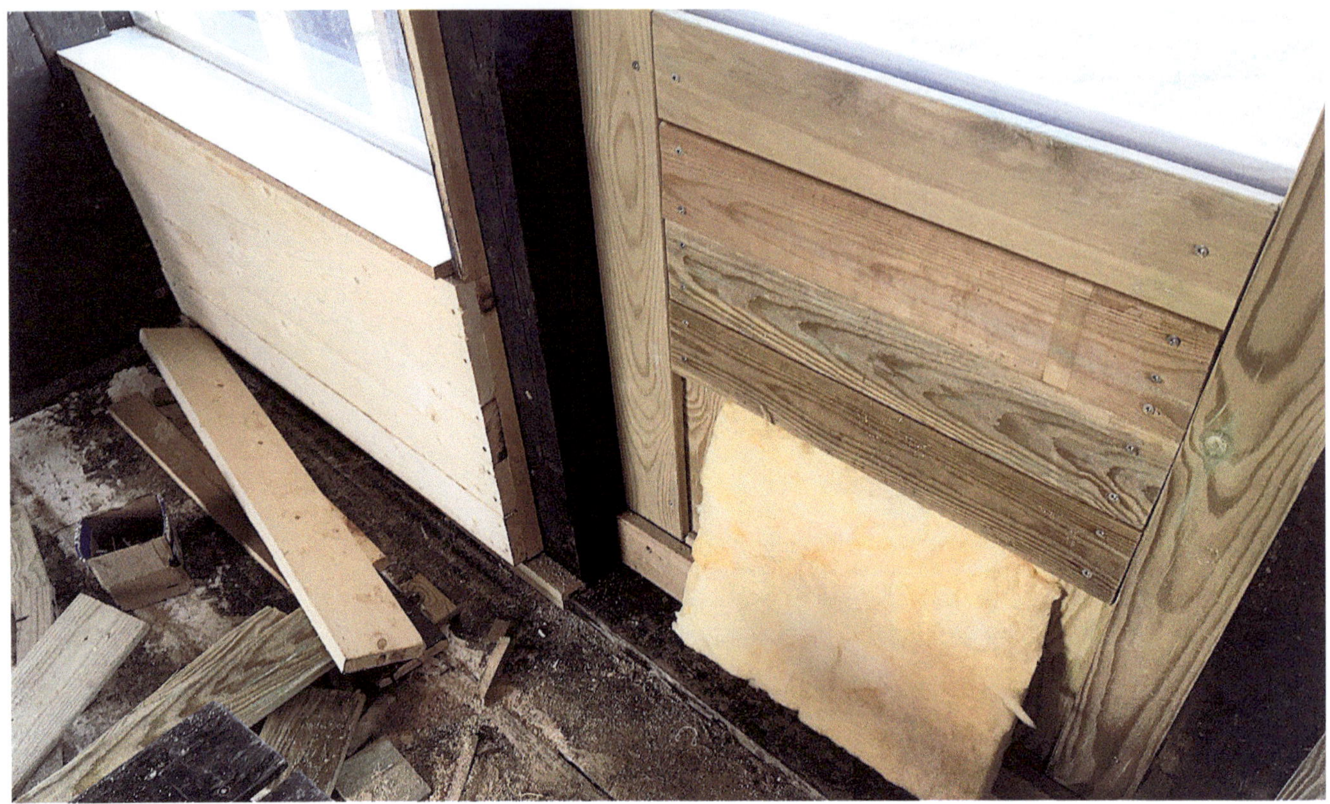

Isolering af vindueskarme og dør er stort set færdig. Gulv og indvendige vægge skal blot males. Når vel at mærke cempexo-opfyld af revner og huller er tørt.

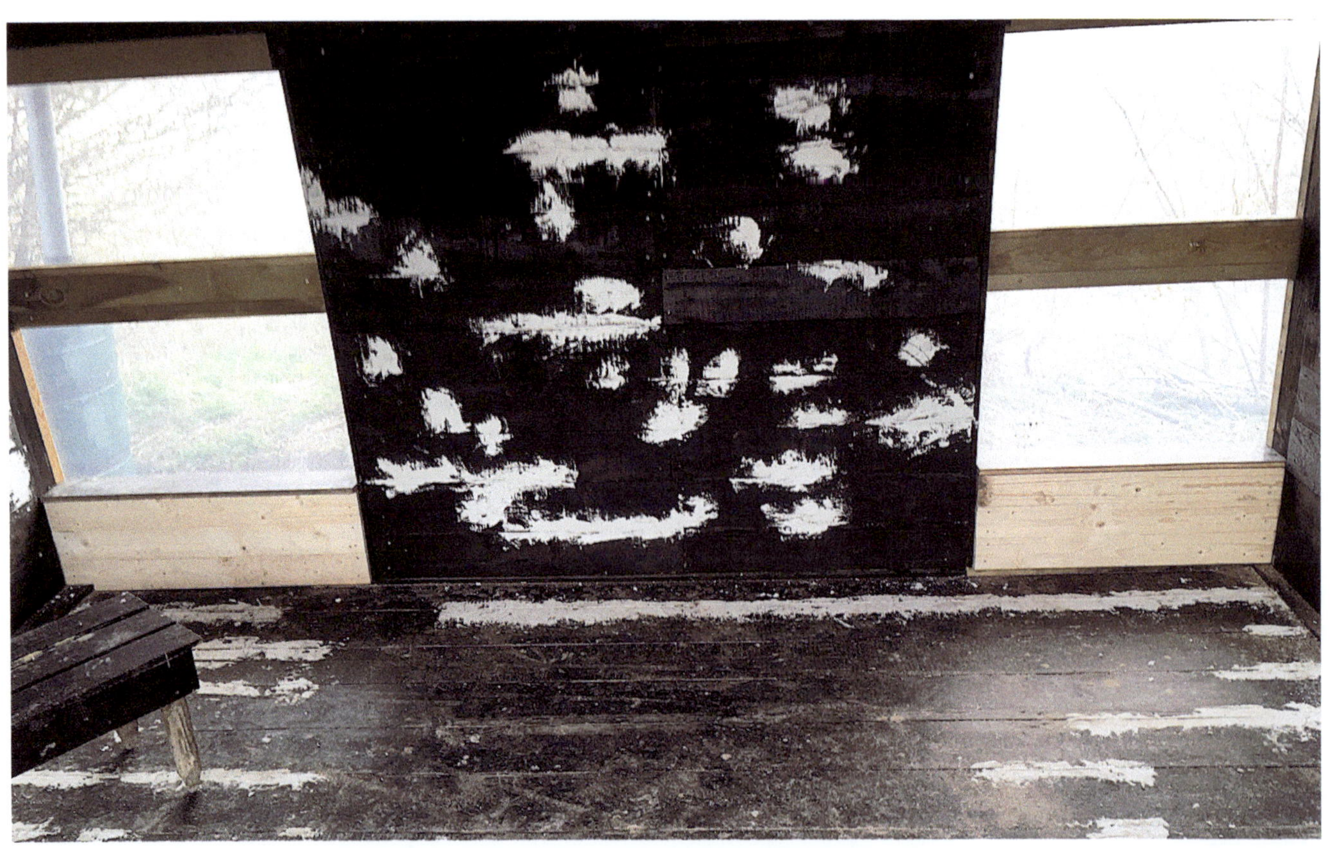

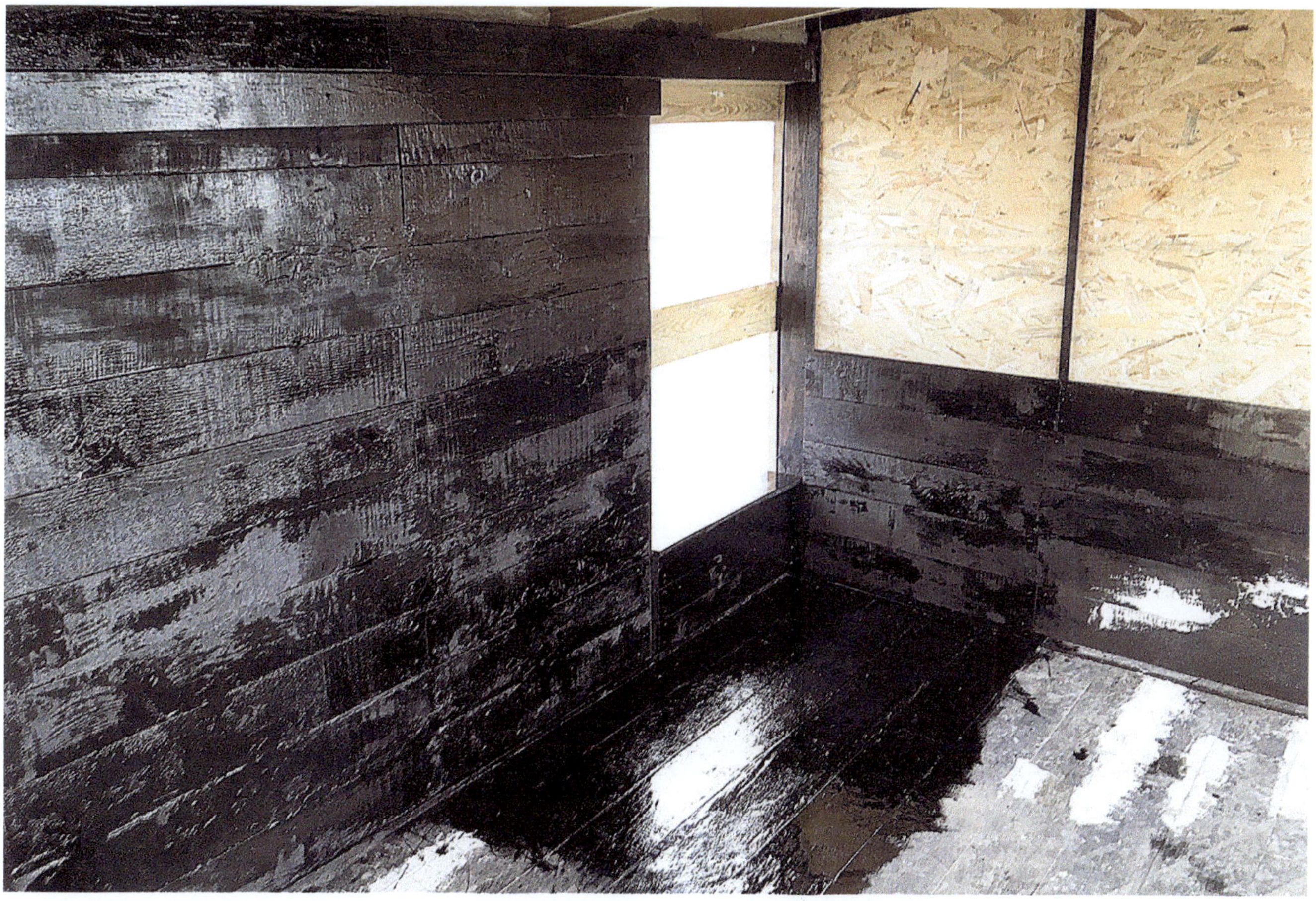

To brikse og bord er konstrueret. Bord kan forlænges med en bænk i samme højde til en tredje briks.

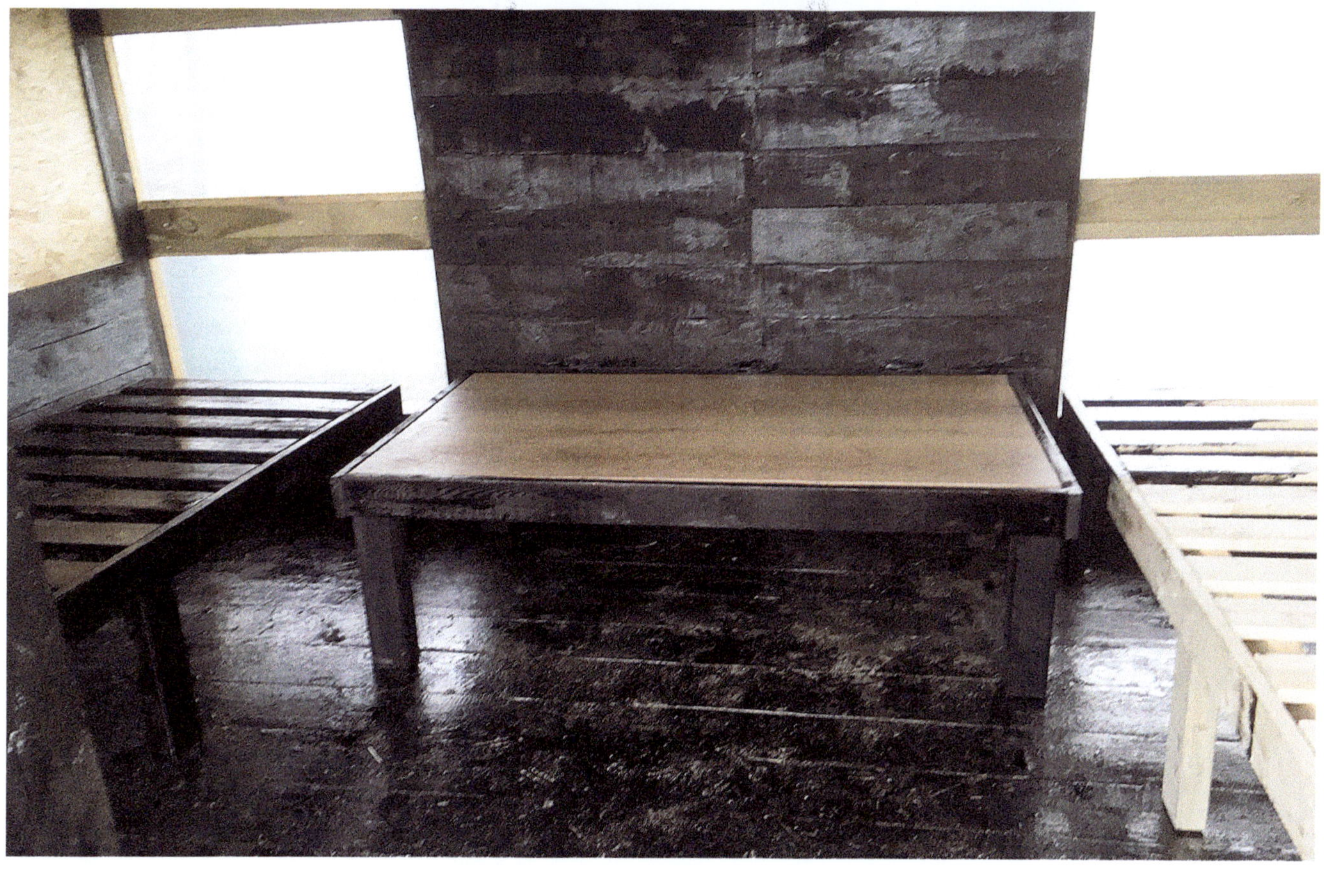

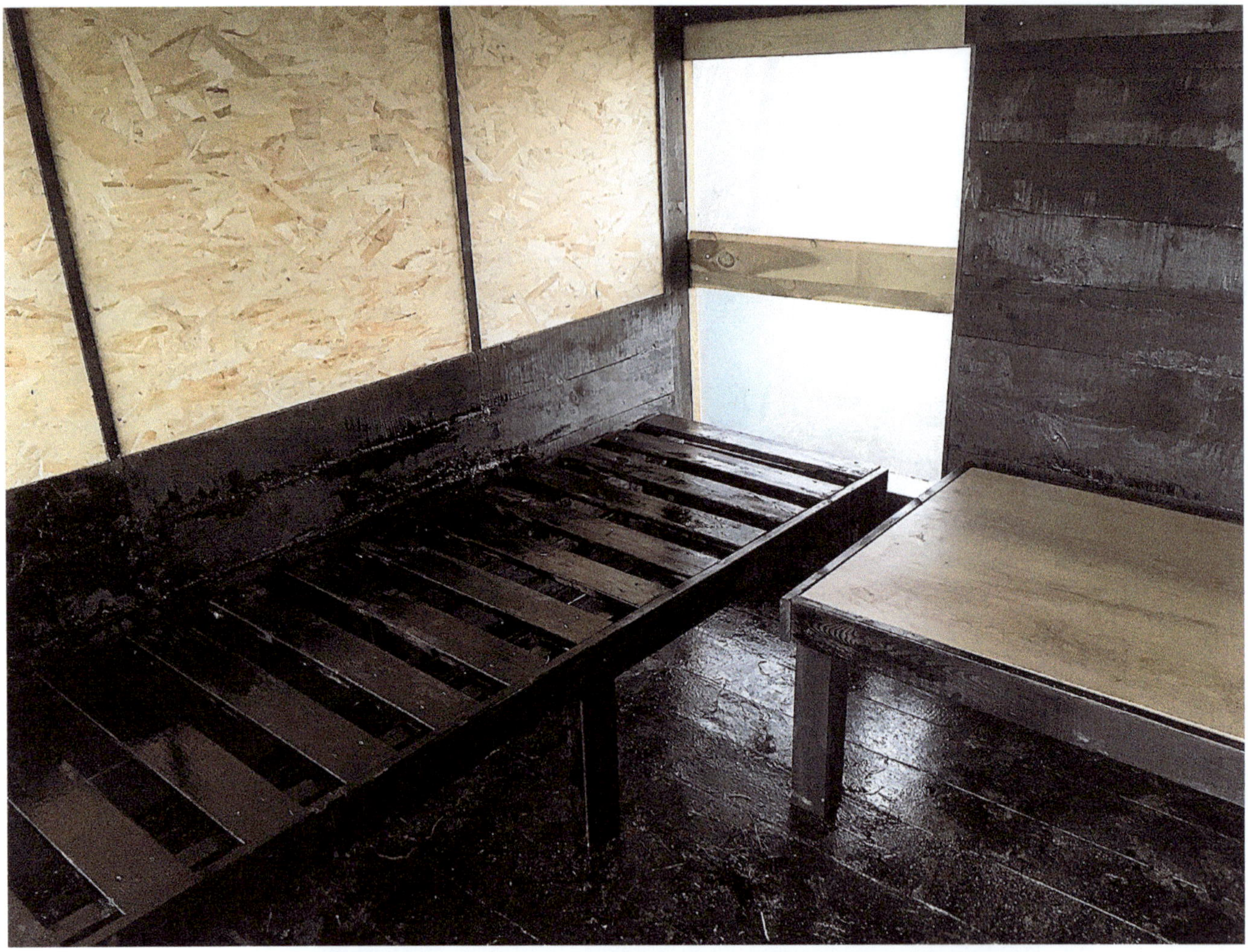

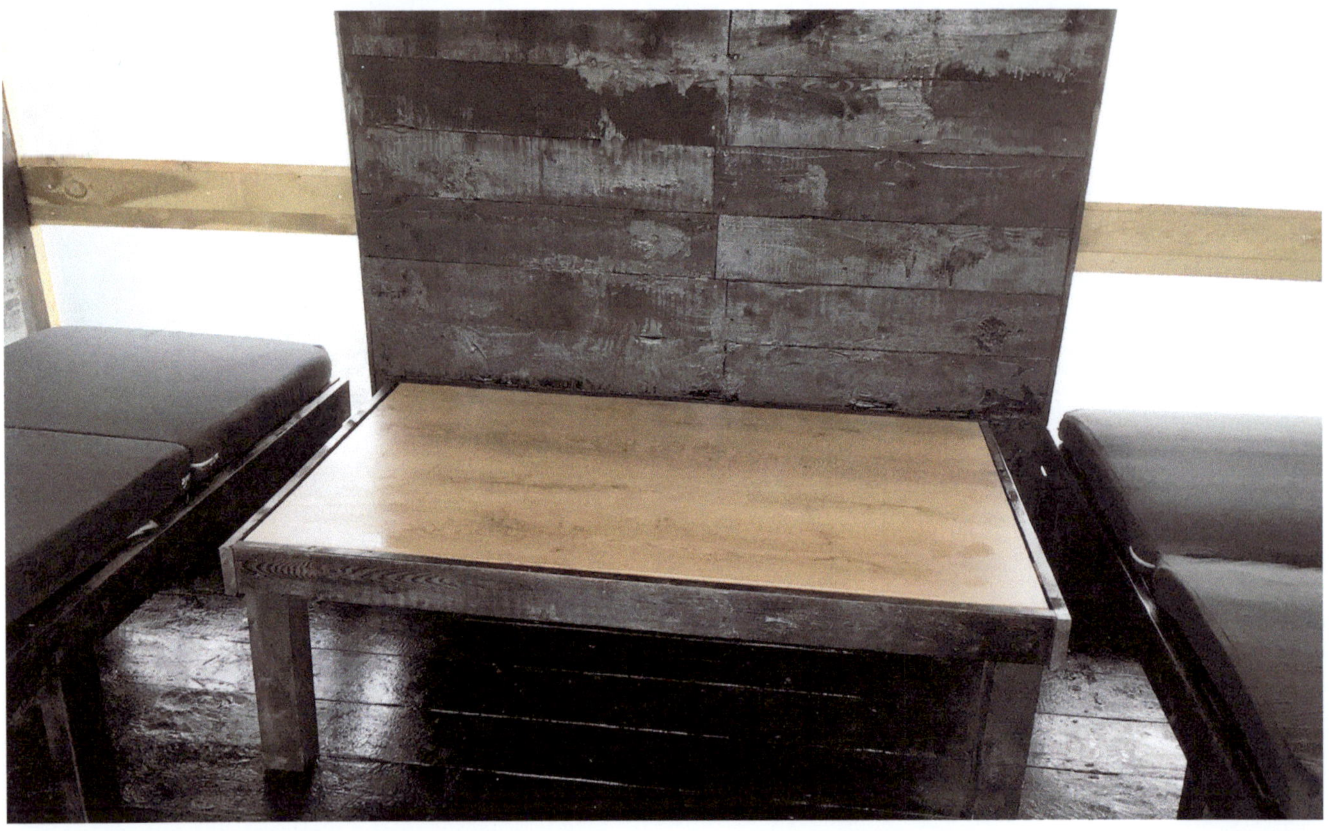

Brikse er 70 cm i bredde, 210 cm i længde og 45 cm i højde. Den relativt store højde giver god afsætningsplads under briksene til rygsække, støvler m.m. Madrasser med sort betræk er vaskbare.

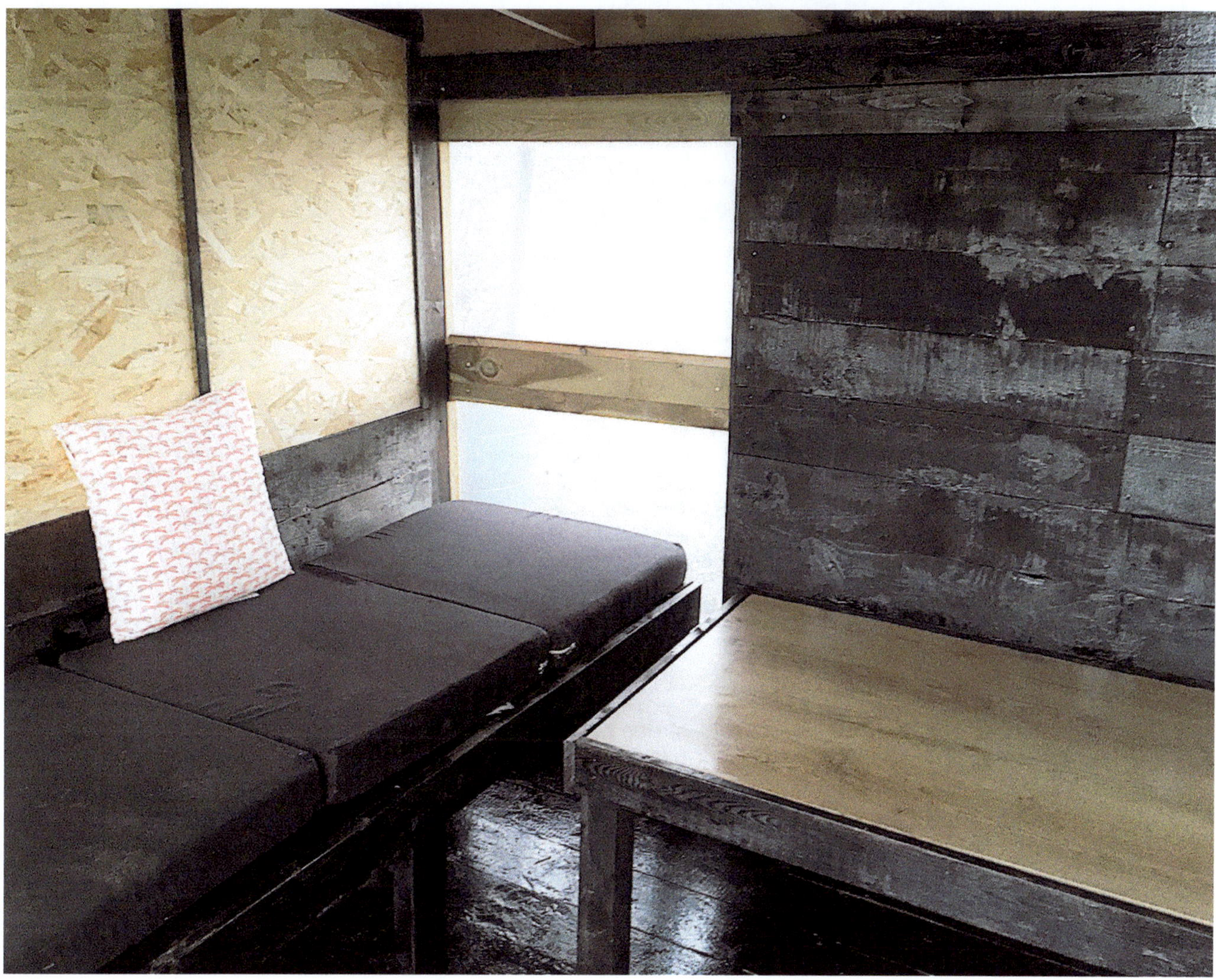

Brikse og bord er nemme at fjerne, hvis overnattende gæster foretrækker at benytte gulvet til eget liggeunderlag og soveposer.

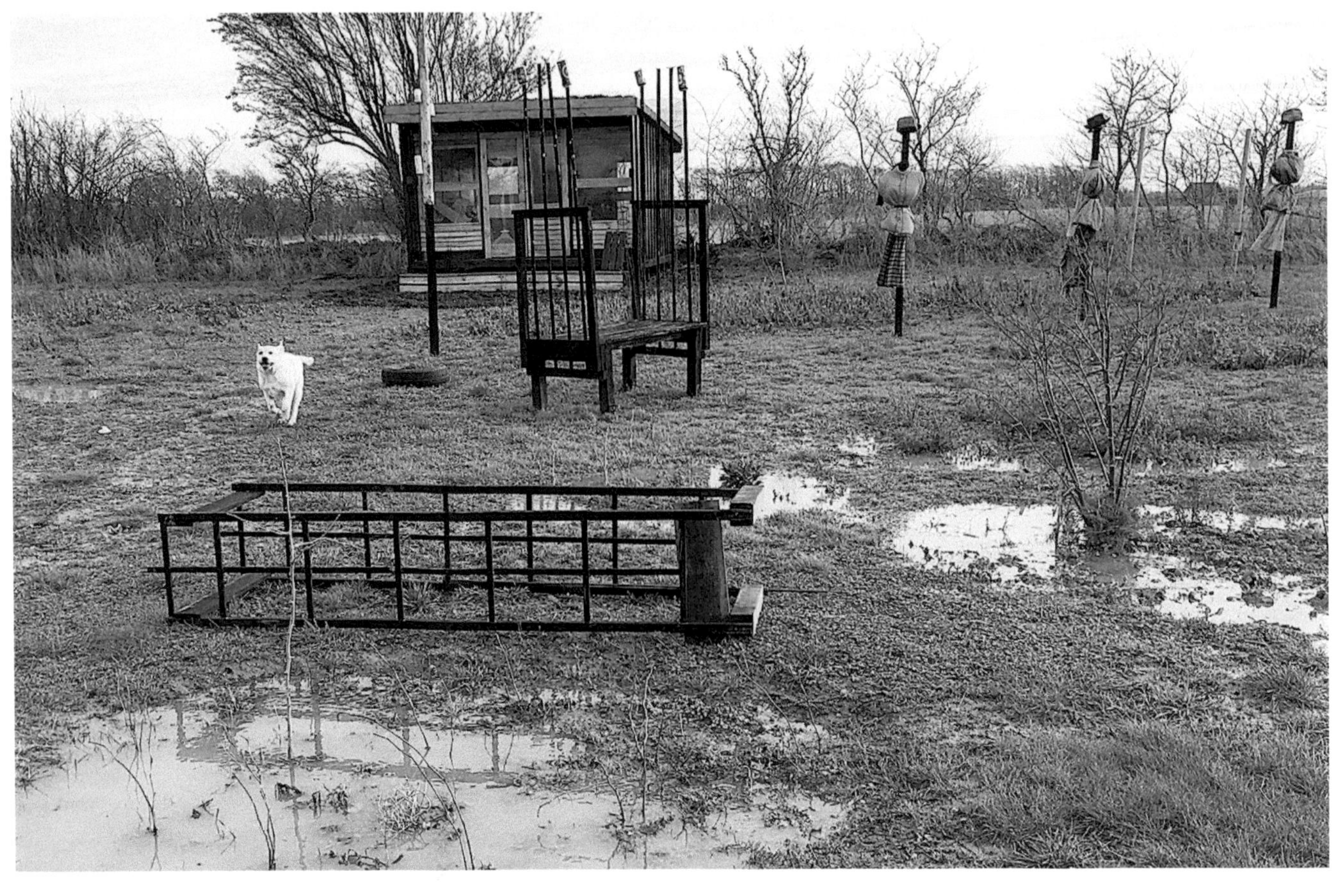

Byggeriet af vores shelter har været begunstiget af den milde vinter. I januar er jorden imidlertid så mættet med regnvand, at vi vælger at udskyde anlæg af bålplads til foråret. Det gælder også for færdiggørelse af venstre dør i shelter.
30. januar 2020 - bestræbelserne på at redde mølletårnet fra nedrivning fortsætter.

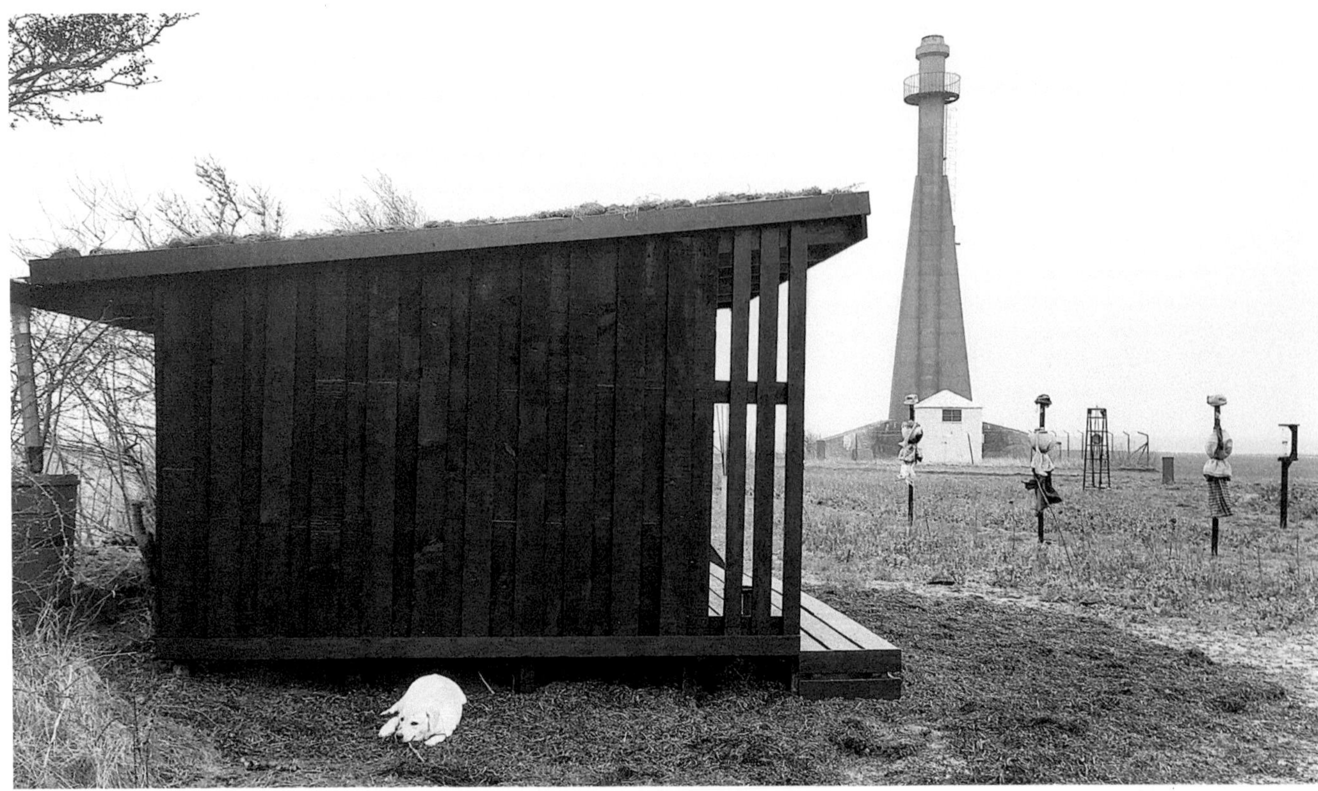